Der Verlag dankt der Leipziger Universitätsbibliothek (Außenstelle an der Sektion Mathematik der Karl-Marx-Universität), insbesondere Frau I. LETZEL, für vielfältige Unterstützung.

Verlag und Herausgeber danken für die Bereitstellung von Fotos:
Mathematisches Forschungsinstitut Oberwolfach: S. 6,
Universitätsbibliothek der Humboldt-Universität zu Berlin, Zweigstelle Mathematik: S. 70,
Niedersächsische Staats- und Universitätsbibliothek Göttingen, Handschriftenabteilung: S. 123–125.

Für Ihre Unterstützung bei der Bereitstellung des Bildmaterials ist Frau A. DISCH, Oberwolfach, Herrn H. HADAN, Berlin, und Herrn Dr. H. ROHLFING, Göttingen, zu danken.

Der Verlag dankt außerdem Herrn Buchbindermeister W. FRENKEL, Leipzig, für die hilfreiche Unterstützung.

Der Brief von G. PEANO an F. KLEIN (S. 123–125; Übersetzung: S. 126) wurde freundlicherweise von Frau Dr. E. SCHUHMANN, Leipzig, aus dem Italienischen übersetzt.

ISBN-13:978-3-211-95846-9   e-ISBN-13:978-3-7091-9537-6
DOI: 10.1007/978-3-7091-9537-6

TEUBNER-ARCHIV zur Mathematik · Band 13
© BSB B. G. Teubner Verlagsgesellschaft, Leipzig, 1990
1. Auflage
Lektor: Jürgen Weiß
Printed in the German Democratic Republic
Gesamtherstellung: INTERDRUCK, Graphischer Großbetrieb Leipzig

G. Peano

Arbeiten zur Analysis und zur mathematischen Logik

Herausgegeben und mit einem Nachwort versehen
von

G. ASSER

Dieser Band der Reihe „TEUBNER-ARCHIV zur Mathematik" enthält fotomechanische Nachdrucke klassischer Arbeiten von GIUSEPPE PEANO zur Analysis und zur mathematischen Logik aus den Jahren 1886 bis 1899, denen für die Herausbildung der gegenwärtigen Mathematik große Bedeutung zukommt.
Im Nachwort berichtet der Herausgeber über die Entstehungsgeschichte der abgedruckten Arbeiten, über deren Stellung im Gesamtwerk PEANOS und über ihre Verflechtung mit der Entwicklung der Mathematik um die Jahrhundertwende.

BSB B. G. Teubner Verlagsgesellschaft, Leipzig
Distributed by Springer-Verlag Wien New York

This volume in the series „TEUBNER-ARCHIV zur Mathematik" contains photo-mechanical reprints of classical papers on Mathematical Analysis and Mathematical Logic published by GIUSEPPE PEANO in the years 1886 to 1899, which have had great importance for the formation of the contemporary mathematics.
In an epilogue the editor describes the history of the reprinted papers, their position in the whole work of PEANO and their connections with the development of the mathematics at the turn of the century.

Ce tome de la série „TEUBNER-ARCHIV zur Mathematik" contient des repro-ductions photomécaniques des travaux classiques de GIUSEPPE PEANO sur l'analyse et la logique mathématique, parus au cours des années 1886 à 1899, qui ont une importante signification relativement à l'état présent des mathématiques.
Dans une postface, l'éditeur donne une compte rendu historique de l'origine des traveaux reproduits, sur la place qu'ils occupent dans l'œuvre de PEANO et sur leurs liaisons avec le developpement des mathématiques au tournant du siecle.

Этот том из серии „TEUBNER-ARCHIV zur Mathematik" содержит фотомеха-ническое воспроизведение классических работ Джузеппе Пеано по анализу и математической логике 1886–1899 годов, сыгравших существенную роль в построении современной математики.
В послесловии издателем представлена история возникновения этих работ, их место в общем наследии Пеано и их влияние на развитие математики на гра-нице двух веков.

Vorwort

Der vorliegende Band der Reihe „TEUBNER-ARCHIV zur Mathematik" enthält
fotomechanische Nachdrucke einiger grundlegender Arbeiten GIUSEPPE PEANOS aus
den Jahren 1886 bis 1899. Der Autor dieser Abhandlungen gehörte im ersten Drit-
tel unseres Jahrhunderts zu den international bekannten und anerkannten Mathematikern. Er stand mit zahlreichen Fachkollegen in einem regen Gedankenaus-
tausch, und viele bedeutende Mathematiker seiner Zeit haben von ihm wichtige
Anregungen empfangen. Der heutigen Mathematikergeneration ist er vielfach nur
noch durch die nach ihm benannten Resultate bekannt: die Peano-Kurve, den Existenzsatz für Lösungen von Differentialgleichungen und Differentialgleichungssysteme, das Axiomensystem für die natürlichen Zahlen und den daraus abgeleiteten
Begriff der Peano-Algebra sowie den Peano-Jordan-Inhalt von Punktmengen des
n-dimensionalen euklidischen Raumes. Nur wenige wissen, daß der heute übliche
Begriff des Vektorraumes und der allgemeine Begriff der linearen Abbildung auf
PEANO zurückgehen, wobei er ausdrücklich auch unendlich dimensionale Vektorräume betrachtete, und daß z. B. die heute übliche mengentheoretische Symbolik
weitgehend durch ihn geprägt wurde.

Die mathematischen Originalarbeiten PEANOS sind ausschließlich in italienisch
und französisch geschrieben. Es gibt aber von einigen Arbeiten autorisierte
deutschsprachige Übersetzungen, die als Anhänge der durch G. BOHLMANN und
A. SCHEPP besorgten Übersetzung des 1884 in Turin erschienenen Lehrbuchs „Calcolo differenziale e principii di calcolo integrale, pubblicato con aggiunte dal
Dr. Giuseppe Peano" beigefügt sind. Als Autor dieses Lehrbuchs und seiner 1899
im Verlag B. G. TEUBNER unter dem Titel „Differentialrechnung und Grundzüge
der Integralrechnung, herausgegeben von GIUSEPPE PEANO" erschienenen deutsch-
sprachigen Übersetzung wird PEANOS Lehrer ANGELO GENOCCHI genannt, auf dessen
Vorlesungen das Werk basierte; sein eigentlicher Autor war jedoch PEANO. Diese
Anhänge bilden den Grundstock der vorliegenden Ausgabe. Sie tragen die Titel
„Über mathematische Logik", „Definitionen der Arithmetik", „Über die Taylor'sche Formel", „Über die Definition des Integrals" und „Die komplexen Zahlen". Die zugehörigen Originalarbeiten stammen aus den Jahren 1897, 1898, 1891,
1895 und 1893; der Anhang V ist eine Übersetzung des Kapitels 6 des 1893 erschienenen Lehrbuchs „Lezioni di analisi infinitesimale" und vermittelt eine kurze Einführung in die Geometrie des n-dimensionalen euklidischen Raumes als Grundlage für die mehrdimensionale Analysis. Der vorliegende Band enthält weiterhin
fotomechanische Nachdrucke der in den Mathematischen Annalen 36 (1890) und
37 (1890) erschienenen Arbeiten „Sur une courbe qui remplit toute une aire plane"
und „Démonstration de l'intégrabilité des équations différentielles ordinaires".

Die getroffene Auswahl aus dem fast 200 Arbeiten umfassenden mathematischen Werk GIUSEPPE PEANOS möchte dem Leser einen Einblick in Teile dieses
Werkes geben, die für die Herausbildung der gegenwärtigen Mathematik besonders
fruchtbar waren. Im Nachwort wird kurz über die Entstehungsgeschichte der abgedruckten Arbeiten, deren Stellung im Gesamtwerk PEANOS und ihre Verflechtung

mit der Entwicklung der Mathematik um die Jahrhundertwende berichtet. Den Nachdrucken ist eine Kurzbiografie PEANOS vorangestellt.

Der Herausgeber dankt dem Teubner-Verlag, Leipzig, für die schöne Gestaltung dieses Bandes und das bereitwillige Eingehen auf alle seine Wünsche; besonderer Dank gebührt Herrn J. WEISS für seine wertvolle Unterstützung. Ebenso sei dem Graphischen Großbetrieb Interdruck Dank und Anerkennung für die gute Drucklegung ausgesprochen.

Greifswald, Mai 1988   GÜNTER ASSER

Inhalt

Giuseppe Peano

GIUSEPPE PEANO wurde am 27. August 1858 in Spinetta, einem kleinen Dorf in der Provinz Cuneo in Norditalien, geboren. Er besuchte die Schule in Spinetta und Cuneo und anschließend das Gymnasium in Turin. Von 1876 bis 1880 studierte er an der Universität Turin Mathematik und Naturwissenschaften. Seine akademischen Lehrer in der Mathematik waren u. a. ENRICO D'OVIDIO, ANGELO GENOCCHI, GIUSEPPE BRUNO und FRANCESCO FAÀ DI BRUNO. Von 1880 bis 1890 wirkte PEANO als Assistent und Privatdozent an der Universität Turin und unterrichtete ab 1886 daneben als Professor an der Königlichen Militärakademie. Im Jahre 1890 erfolgte seine Ernennung zum außerordentlichen Professor für Infinitesimalrechnung an der Universität Turin und fünf Jahre später die zum ordentlichen Professor. 1891 wurde er zum Mitglied der Turiner Akademie der Wissenschaften, 1905 zum Korrespondierenden und 1929 zum Nationalen Mitglied der Accademia dei Lincei gewählt. Am 20. April 1932 verstarb GIUSEPPE PEANO in Turin.

Hauptarbeitsgebiete PEANOS waren Analysis, Mathematische Logik und Grundlagen der Arithmetik und Geometrie. Dabei galt auch in der Analysis sein besonderes Interesse der Klärung begrifflicher Grundlagen, wie es für das 19. Jahrhundert durchaus charakteristisch war. Speziell beschäftigte ihn das Problem, durch eine genaue logische Analyse des Begriffs- und Satzgefüges der Infinitesimalrechnung das „Definierbare von dem nicht Definierbaren, das Beweisbare von dem nicht Beweisbaren zu unterscheiden", und dasselbe Problem stand für ihn in Arithmetik und Geometrie und im gewissen Sinne auch in der Logik.

Das Studium der Schriften von G. BOOLE [2], [3], ERNST SCHRÖDER [66], [67], H. MACCOLL [30], [31], C. S. PEIRCE und später auch G. FREGE [10], [11], [12] führte PEANO zu der Auffassung, daß es zur Erfüllung des genannten Programms der Benutzung einer formalisierten Sprache, einer Begriffsschrift oder Ideographie bedürfe, die den logischen Gehalt der mathematischen Aussagen und ihre gegenseitige Abhängigkeit exakter widerspiegelt als das die gewöhnliche Umgangssprache vermag. Ab 1888 war er maßgeblich an der Schaffung einer mathematisch-logischen Formelsprache beteiligt, die später durch B. RUSSELL wesentlich vervollkommnet wurde und von der wesentliche Teile in der heutigen Formelsprache der Mathematik enthalten sind. In seinen 1888 und 1889 erschienenen Schriften [43] und [44] formulierte er die heute üblichen Axiome eines Vektorraumes und das nach ihm benannte Axiomensystem für die natürlichen Zahlen und entwickelte unter Benutzung seiner Formelsprache die Folgerungen aus diesen Axiomensystemen. In beiden Schriften beruft er sich ausdrücklich auf die formalen Auffassungen der britischen algebraischen Schule und auf H. GRASSMANN. Obwohl er sein Programm als ein „logisches" bezeichnete, hat er – im Gegensatz zu FREGE – nicht den Versuch unternommen, die verwendeten logischen Schlüsse in die Formalisierung einzubeziehen. Sein Ziel war es allein, die Definitionen und Sätze der Mathematik in einer formalisierten Sprache exakt aufzuschreiben, sie in eine lückenlose deduktive Reihenfolge zu bringen und das Gesamtgebäude einer mathematischen Theorie auf eine möglichst geringe Anzahl unabhängiger Axiome zu gründen. Damit gehört PEANO vor allem zu den Wegbereitern der formalen axiomatischen Strukturauffassung in der Mathematik. Die Synthese aus dem logischen Werk FREGES und dem formalen axiomatischen Vorgehen PEANOS wurde vor allem durch B. RUSSELL und A. N. WHITEHEAD in ihren „Principia Mathematica" vollzogen. Zur Realisierung seines Zieles gab PEANO von 1891 bis 1901 die Zeitschrift „Rivista di matematica" (Revue de mathématiques) und in den Jahren 1895 bis 1908 die von ihm und einer Reihe seiner Anhänger verfaßten 5 Bände des „Formulaire de Mathématiques" (Formulario mathematico) heraus. Hauptinhalt des *Formulaire* waren in formalisierter Sprache aufgeschriebene mathematische Sätze und Definitionen und in Ketten von logischen Schlüssen aufgelöste mathematische Beweise, systematisiert für ganze Abschnitte mathematischer Theorien.

Wesentlich inspiriert durch G. W. Leibniz, widmete sich Peano von 1903 an mit viel Kraft und Elan der Propagierung und Schaffung einer Welthilfssprache. Im Gegensatz zu den Hilfssprachen Volapük (J. Schleyer), Esperanto (L. L. Zamenhof) und Ido (L. Couturat) suchte Peano die Lösung in einer radikal vereinfachten Form der lateinischen Sprache, einem „Latein ohne Flexionen" (latino sine flexione), wobei für ihn vor allem die Frage einer internationalen Wissenschaftssprache von Interesse war.

Eine umfassende Darstellung von Leben und Werk Giuseppe Peanos gibt die Peano-Biografie von H. C. Kennedy [24]. Diese Biografie enthält ein vollständiges Verzeichnis der Schriften Peanos und eine umfangreiche Bibliographie von Arbeiten über ihn. Zu der Bedeutung Peanos für die Herausbildung der heutigen Mathematik sei insbesondere auf die „Geschichte der Mathematik 1700–1900" von J. Dieudonné [9] verwiesen.

ANGELO GENOCCHI

DIFFERENTIALRECHNUNG

UND

GRUNDZÜGE DER INTEGRALRECHNUNG

HERAUSGEGEBEN VON

GIUSEPPE PEANO

AUTORISIERTE DEUTSCHE ÜBERSETZUNG

VON

G. BOHLMANN UND A. SCHEPP

MIT EINEM VORWORT VON A. MAYER

LEIPZIG

DRUCK UND VERLAG VON B. G. TEUBNER

1899

Das Studium des Begriffs der Zahl ist in den letzten Jahren besonders eifrig betrieben worden. Ein zu diesem Zweck eigens hergestelltes Hilfsmittel ist die „mathematische Logik". Wir halten es deshalb für zweckmäfsig, die beiden Anhänge hier folgen zu lassen, von denen der erste die mathematische Logik behandelt, welche später benutzt werden soll, und der zweite die wesentlichsten Definitionen über die Zahlen enthält.

Anhang I.

Über mathematische Logik.

(Aus den Akten der Turiner Akademie der Wissenschaften, Bd. 32.)

Schon seit vielen Jahren beschäftigt sich der Verfasser mit diesen äufserst interessanten Studien. In dem *Calcolo geometrico, preceduto dalle operazioni della Logica deduttiva,* 1888 gab er eine kurze Übersicht über die Untersuchungen *Schröder's* in seinem *Operationskreis des Logikkalküls*, 1877, sowie über die von *Boole* und anderen Autoren. Er wies darin die Identität des Kalküls der Klassen, wie ihn diese Schriftsteller aufstellen, mit dem Kalkül der Lehrsätze nach, wie man ihn bei *Peirce*, *McColl* etc. findet.

Im weiteren Verlauf dieser Untersuchungen in den *Arithmetices principia, nova methodo exposita,* 1889 gelang es, eine vollständige Analyse der Operationen der Logik zu erhalten und sie auf eine sehr beschränkte Anzahl zu reduzieren, die er mit den Symbolen: ε, $\supset$, $=$, $\cap$, $\cup$, $\sim$, Λ bezeichnet hat.

Als Resultat dieser Zerlegung der Begriffe ergab sich die Herstellung einer symbolischen oder ideographischen Schrift (Begriffsschrift), mit deren Hülfe sich alle Begriffe der Logik darstellen lassen. Ebenso liefse sich durch Einführung von Symbolen zur

Darstellung der Begriffe anderer Wissenschaften jede Theorie symbolisch wiedergeben[1]). In dem kleinen Buche wurde zum ersten Mal eine ganze Lehre in Symbolen ausgedrückt; wir haben gerade diese Symbole gewählt, um das in der Arithmetik Definierbare von dem nicht Definierbaren, das Beweisbare von dem nicht Beweisbaren zu unterscheiden.

Dasselbe analytische Hilfsmittel benützte der Verfasser auch in den späteren Werken:

Principii di Geometria, logicamente esposti, Turin, Bocca, 1889.

Démonstration de l'intégrabilité des équations différentielles, Mathematische Annalen, 1890, S. 182.

Sur la définition de la limite d'une fonction, American Journal, 1894, etc.

Prof. *Burali-Forti* giebt in seiner *Logica matematica,* Mailand, Höpli, 1894 eine Darstellung der neuen Methode und bedient sich ihrer in vielen Arbeiten, wie z. B.:

Sulle classi derivate a destra e a sinistra, Akten der Turiner Akademie, 1894.

Sul limite delle classi variabili, ebenda, 1895.

Sur quelques propriétés des ensembles d'ensembles, Mathematische Annalen, 1895, etc.

Prof. *Pieri* verwendet das nämliche Mittel in einer Reihe von Arbeiten, welche die oben genannte Akademie veröffentlichte, zur Analyse der Prinzipien der Geometrie der Lage.

Seit einigen Jahren besteht eine Gesellschaft, welche das *Formulaire de Mathématiques* herausgiebt, dessen *Introduction* 1894 erschien. Der erste Band wurde 1892 begonnen und 1895 beendigt. Das Werk ist dazu bestimmt, die Lehrsätze, Definitionen und Beweise verschiedener mathematischer Theorien in logischen Symbolen zu bringen.

Mitarbeiter sind die Herren *Vailati, Castellano, Burali, Giudice, Vivanti, Bettazzi* und *Fano,* zu welchen noch andere kommen, die sich mit Beiträgen und Korrekturen beteiligen. Im Augenblick ist der zweite Band unter der Presse; viele Schwierigkeiten verzögern jedoch sein Erscheinen.

Die Ideographie, wie sie sich aus dem Studium der mathematischen Logik ergiebt, ist nicht lediglich eine konventionelle abgekürzte Schreibweise oder Geschwindschreibung. Denn unsere

---

1) Bis jetzt kann man mittelst der Ideographie oder Begriffschrift die Sätze der Logik und einiger mathematischen speziell algebraischen Theorien ausdrücken. Will man auch andere Theorien in Zeichen übertragen, so gehört dazu eine vollständige Analyse der auftretenden Begriffe und ihre Reduktion auf Symbole. Die Ideographie zur Darstellung z. B. sämtlicher Sätze der Mathematik ist also erst teilweise hergestellt.

Symbole stellen nicht Worte dar, sondern Begriffe. Man hat
darum dasselbe Symbol zu schreiben, wo derselbe Begriff auftritt,
der in der gewöhnlichen Sprache benutzte Ausdruck mag sein wie
er will; man hat verschiedene Symbole zu setzen, wenn auch
vielleicht nur ein einziges Wort existiert, das seiner Stellung
wegen verschiedene Begriffe ausdrückt. Wir stellen also einen
eindeutigen Zusammenhang zwischen den Begriffen und den Symbolen her, wie er in unseren Sprachen nicht besteht. Diese Ideographie beruht auf Theoremen der Logik, welche nach und nach
mit *Leibniz* beginnend bis in die neueste Zeit entdeckt wurden.
Man kann die Form der Symbole ändern, d. h. die wenigen
Zeichen, die zur Darstellung der Grundbegriffe dienen, aber zwei
ihrem Wesen nach verschiedene Ideographien kann es nicht geben.

Wir haben einige Arbeiten erwähnt, in welchen die Ideographie benutzt wird, und werden sie, in soweit keine zwei verschiedenen Ideographien bestehen können, aus dem folgenden Grund
als *die unsrige* in Anspruch nehmen.

Herr *G. Frege*, Professor an der Universität zu Jena, dem
wir interessante Arbeiten über mathematische Logik (von denen
die erste 1879 erschien) verdanken, ist auch seinerseits und auf
vollständig unabhängigem Weg[1]) in seinen *Grundgesetzen der
Arithmetik*, 1893 dazu gekommen, eine Reihe von Sätzen über
den Begriff der Zahl symbolisch darzustellen. Über dieses Buch
schrieben wir einen kurzen Bericht in der *Rivista di Matematica*,
1895, S. 122. Neuerdings hat nun derselbe Autor eine Abhandlung: *Über die Begriffschrift des Herrn Peano und meine eigene*,
Berichte d. math.-phys. Classe der Gesellschaft etc. zu Leipzig, 6. Juli
1896 veröffentlicht, worin er das Formular und seine Einleitung
lediglich erwähnt und bezweifelt, ob unsere Ideographie zum Ausdrücken auch nur von Sätzen brauchbar sei, während doch aus
den oben angeführten Arbeiten ihre Bedeutung als Mittel für
Schlußfolgerungen hervorgeht.

Wir müssen die rein sachliche Art der Urteile des Herrn
Frege in der erwähnten Schrift anerkennen; wenn wir auch in
vielen Punkten miteinander übereinstimmen, so gehen doch unsere
Ansichten über viele Fragen in Folge der verschiedenen Bedeutung,
die wir bestimmten Worten und Symbolen beilegen, auseinander.

---

1) Die Arbeiten *Frege's* sind unabhängig von denen der zahlreichen
Schriftsteller über mathematische Logik. Man sehe z B. *Symbolic
Logic* von *Venn*, London, 1894, S. 493. Wir sind daher nicht im Stande
zu entscheiden, ob seine Ideographie vollständig ist oder nicht, d. h.
ob seine in symbolischer Sprache ausgedrückten Sätze sich ohne den
begleitenden Text verstehen lassen. Die Formeln *Frege's* sind, für
uns wenigstens, weit schwieriger verständlich, als die der anderen
Schriftsteller.

Betrachtet man die Ideographie aber auch nur als eine symbolische Schrift, zu dem Zweck alle Sätze der Mathematik in kurzer und präziser Form darzustellen, so fällt auch dann schon ihre Bedeutung ins Auge. Das Kriterium, ob sie als Sprache dienen kann, entscheidet zugleich darüber, ob sie vollständig ist oder nicht.

Zwischen den Begriffen der Logik bestehen zahlreiche Beziehungen, welche in den Theoremen oder Formeln der Logik ihren Ausdruck finden. Wir haben eine Sammlung der *Formule di Logica matematica* in der „Rivista di matematica", 1891 veröffentlicht. Durch neue Formeln und zahlreiche historische Hinweise vervollständigt, die grofsen Teils dem Dr. *Vailati* zu verdanken sind, bildet sie den Teil I des *Formulaire*, Bd. 1. Zahlreiche Zusätze sind uns von verschiedenen Korrespondenten angekündigt worden und eine neue Auflage wird immer wünschenswerter.

Viele dieser Formeln haben nun die Gestalt von Gleichheiten, welche in dem einen Teil ein Zeichen haben, das in dem anderen entweder nicht oder doch in verschiedener Stellung vorkommt. So gestaltete Gleichheiten erlauben dieses Zeichen mittelst der anderen auszudrücken, d. h. man kann die anderen als Definition dieses Zeichens ansehen. Auf diese Art lassen sich bei geeigneten Definitionen die Begriffe der Logik auf eine immer kleinere Anzahl von Grund- oder ursprünglichen Begriffen zurückführen, die man in der gewöhnlichen Sprache ausdrücken und durch Beispiele erläutern mufs, die sich aber durch andere noch einfachere symbolisch nicht mehr darstellen lassen. Diese Reduktion der Begriffe der Logik auf Grundbegriffe bietet aber ernste Schwierigkeiten dar und es ist leichter, die Anzahl und Art der zu Grunde liegenden Begriffe in der Arithmetik und Geometrie als in der Logik zu ermitteln.

Wir werden im folgenden die Reduktion der Begriffe der Logik auf ihre geringste Zahl behandeln. Nachdem die Bedeutung einiger Symbole mit Hülfe der gewöhnlichen Sprache festgestellt ist, sollen alle anderen Sätze nur in Symbolen geschrieben werden, ohne dafs ein Mifsverständis entstehen könnte oder dafs eine Erklärung durch Worte nötig wäre. Die Formeln für sich allein bilden also einen verständlichen Text. Jedoch wollen wir durch eingeschaltete Erläuterungen und Bemerkungen in gewöhnlicher Sprache das Verständnis zu erleichtern suchen.

Die Grundbegriffe.

Die hier folgenden Vereinbarungen, die wir mittelst der gewöhnlichen Sprache erklären müssen, stellen Grundbegriffe dar.

1. Die Buchstaben a, b, ... x, y, z bezeichnen beliebige Dinge, die sich ändern, wenn der Satz sich ändert.

22*

2. Eine Formel wird durch Klammern oder auch durch Punkte in Teile zerlegt. So sind z. B. die Formeln

$$ab \cdot c, \quad a \cdot bc, \quad ab \cdot cd, \quad ab \cdot cd : e \cdot fg$$

äquivalent mit

$$(ab)c, \quad a(bc), \quad (ab)(cd), \quad [(ab)(cd)][e(fg)].$$

3. K oder Cls bedeutet „Klasse".

4. a sei eine K; $x\,\varepsilon a$ bedeutet „x ist ein a".

5. p und q seien Sätze, welche variabele Buchstaben $x, \dots z$ enthalten. Die Formel

$$p \mathbin{\supset}_{x, \dots z} q$$

bedeutet „$x, \dots z$ mögen beliebige Werte haben; wenn sie der Bedingung p genügen, so genügen sie der Bedingung q". Die Indices an dem Zeichen $\supset$ kann man weglassen, wenn ein Mifsverständnis ausgeschlossen ist.

6. pq bezeichnet die gleichzeitige Aufstellung der Sätze p und q.

Die erste Vereinbarung über die variabelen Buchstaben ist uns aus der Algebra und Geometrie geläufig. Sie wurden schon von Aristoteles in der Logik benutzt. Es ist jedoch nötig, sie sowohl wie die über die Klammern hier aufzuführen, da wir alle Vereinbarungen, von denen wir Gebrauch machen, aufzählen wollen.

Die durch unsere Symbole dargestellten Begriffe sind die einfachsten und haben nicht den genauen Wert der entsprechenden Ausdrücke der gewöhnlichen Sprache, welche kompliziertere Begriffe darstellen. So kann man das Zeichen ε lesen „ist ein" oder lateinisch „est", es stellt aber den Begriff dar, welchen der Ausdruck „est" hat, wenn man von der Art und Weise, der Zeit und der Person abstrahiert. Da mithin die Symbole den Ausdrücken der gewöhnlichen Sprache nicht genau entsprechen, so lernt sich der genaue Wert der Symbole besser und leichter aus Beispielen.

Wir wollen die Beispiele der Arithmetik entnehmen und gebrauchen dabei die Symbole

N für „Zahl" (ganze und positive),

Np für „Primzahl",

$N \times a$ für „Vielfaches von a".

Beispiele:

$$7\,\varepsilon\,Np, \quad 12\,\varepsilon\,N \times 4,$$
$$a\,\varepsilon\,N \mathbin{.} \supset \mathbin{.} a(a+1)(a+2)\,\varepsilon\,N \times 6.$$

„Es sei a eine Zahl; das Produkt $a(a+1)(a+2)$ ist ein Vielfaches von 6."

$$a\,\varepsilon\,Np \mathbin{.} \supset \mathbin{.} (a-1)! + 1\,\varepsilon\,N \times a.$$

„Ist a eine Primzahl, so ist der aufgeschriebene Ausdruck ein Vielfaches von a" (Wilson).

An dem Zeichen $\bigcirc$ hat man sich hier als Index den Buchstaben a hinzuzudenken. Diese Sätze bestehen aus drei Teilen, der Hypothese, dem Ableitungszeichen und der These.

$$x \, \varepsilon \, \mathrm{N} \, . \, x < 17 \, . \, \bigcirc \, . \, x^2 - x + 17 \, \varepsilon \, \mathrm{Np}.$$

„Die ganze positive Zahl x mag sein, welche sie will; wenn sie nur kleiner als 17 ist, so stellt der Ausdruck $x^2 - x + 17$ immer eine Primzahl dar" (Legendre).

$$a \, \varepsilon \, \mathrm{Np} \, . \, b \, \varepsilon \, \mathrm{N} \, . \, b^2 \, \varepsilon \, \mathrm{N} \times a \, . \, \bigcirc \, . \, b \, \varepsilon \, \mathrm{N} \times a.$$

„Wenn das Quadrat der Zahl b ein Vielfaches der Primzahl a ist, so muſs auch b ein Vielfaches von a sein" (Euclid).

Hier ist die Hypothese die gleichzeitige Aufstellung mehrerer Sätze. An dem Zeichen $\bigcirc$ hat man sich als Indices die Buchstaben a und b zu denken.

Wir wollen jetzt ein Beispiel anführen, bei welchem schon die Hypothese das Ableitungszeichen enthält (die neuen arithmetischen Zeichen, die dabei vorkommen, sind leicht zu verstehen):

$$a \, \varepsilon \, \mathrm{N} : x \, \varepsilon \, \mathrm{Np} \, . \, \bigcirc_x \, . \, \mathrm{mp} \, (x, a) \, \varepsilon \, \mathrm{N}_0 \times 2 : \bigcirc \, . \, a \, \varepsilon \, \mathrm{N}^2.$$

„Wenn a eine Zahl ist und wenn für jede Primzahl x der Exponent der höchsten Potenz von x, welche in a enthalten ist, eine gerade Zahl (einschlieſslich der Null) ist, so muſs a ein vollkommenes Quadrat sein."

Der richtige Gebrauch des Zeichens $\bigcirc$ ist eng verbunden mit dem der variabelen Buchstaben. Da nach unseren Vereinbarungen die Buchstaben $a, b, \ldots$ beliebige variabele Dinge darstellen, so muſs man in jedem Satz zuerst sagen, welcher Gattung von Dingen sie angehören. Der Satz

$$a \times b = b \times a$$

hat daher für uns keinen Sinn, weil er unvollständig ist. Man muſs vorausschicken, welche Bedeutung die Buchstaben a und b haben und z. B. schreiben

$$a \, \varepsilon \, \mathrm{N} \, . \, b \, \varepsilon \, \mathrm{N} \, . \, \bigcirc \, . \, a \times b = b \times a.$$

Wenn man, anstatt vorauszusetzen, a und b seien ganze Zahlen, annimmt, sie seien Brüche, irrational oder imaginär, so behält die These ihre Gültigkeit; sie wird aber falsch, wenn a und b nicht komplanare Quaternionen sind, und verliert jeden Sinn, wenn a und b Dinge bedeuten, für welche die Multiplikation nicht definiert worden ist.

Man nennt in einer Formel einen variabelen Buchstaben scheinbar (apparente), wenn der Wert der Formel von dem variabelen Buchstaben nicht abhängt. So ist z. B. in $\int\limits_a^b f(x)\,dx$ der Buchstabe x scheinbar.

In jedem Satz sind die Buchstaben, die als Indices an dem Zeichen $\supset$ stehen oder als solche gedacht werden, scheinbar. So ist

$$x\,\varepsilon\,\mathrm{Np} \,.\, \supset_x \,.\, \mathrm{mp}(x, a)\,\varepsilon\,\mathrm{N}_0 \times 2$$

„für jeden Wert der Primzahl x ist der Exponent der höchsten Potenz von x, die in a enthalten ist, eine gerade Zahl" ein Satz, der eine Bedingung für a ausdrückt und nicht für den Buchstaben x, den man durch y ersetzen kann, ohne die Bedingung zu ändern.

Alle Buchstaben, die in einem Theorem vorkommen, sind scheinbar, weil das Theorem eine Wahrheit ausdrückt, die von den gebrauchten Buchstaben nicht abhängt.

Wir haben uns längere Zeit bei dem Zeichen $\supset$ und den bezüglichen Indices aufgehalten, weil eine Differenz zwischen Herrn Frege und uns in dem Gebrauch unserer Symbole besteht.

Das Zeichen $\supset$ muſs nämlich bei uns seinem Wesen nach zwischen Sätzen stehen, welche variabele Buchstaben enthalten.

Herr Frege dagegen führt als Beispiele zum Zeichen $\supset$ die Sätze an

$$2^2 = 4 \,.\, \supset \,.\, 3 + 7 = 10,$$
$$2 > 3 \,.\, \supset \,.\, 7^2 = 0,$$

worin das Zeichen $\supset$ zwischen Sätzen steht, die variabele Buchstaben nicht enthalten.

Ebenso ist das Beispiel des Herrn Frege

$$x > 2 \,.\, \supset \,.\, x^2 > 2$$

nach unserer Ansicht nicht vollständig, weil man bei dem Einführen eines Buchstaben x zuerst sagen muſs, was er vorstellt. Man könnte sein Beispiel vervollständigen, wenn man z. B. schriebe:

$$x\,\varepsilon\,\mathrm{N} \cdot x > 2 \,.\, \supset \,.\, x^2 > 2.$$

Herr Frege betrachtet Ausdrücke von der Form

$$(\Phi(x)\supset_x \Psi(x, y)) \supset_y \mathsf{X}(y),$$

welche sich ebenfalls in dem Formular nicht vorfinden, weil es bei einer Ableitung wohl vorkommen kann, daſs die Hypothese Buchstaben enthält, die in der These nicht auftreten; niemals aber, daſs in der These Buchstaben sind, welche sich nicht in der Hypothese befinden. Ebenso kommt auch in dem Formular das Beispiel $(2 > 3) = \Lambda$ des Herrn Frege nicht vor.

Definitionen.

Durch Kombination der oben angegebenen Grundbezeichnungen lassen sich abgeleitete Begriffe zusammensetzen, die eine symbolische Definition zulassen. Unter symbolischer Definition eines neuen Zeichens x verstehen wir die Vereinbarung, eine Gruppe von Zeichen, welche eine schon bekannte Bedeutung hat, x zu nennen; wir bezeichnen sie mit

$$x = a \qquad \text{Def.}$$

Wenn das, was definiert wird, nämlich x, variabele Buchstaben enthält und es nötig ist, die Bedeutung dieser Buchstaben mittelst einer Hypothese zu beschränken, so nimmt die Definition die Form an

$$\text{Hypothese} \,.\, \supset \,.\, x = a \qquad \text{Def.}$$

Die beiden Zeichen $=$ und Def. müssen, obgleich sie getrennt voneinander stehen, als ein einziges Symbol aufgefaßt werden; es wird gelesen „ist der Definition nach gleich" oder „wollen wir nennen".

Es sei a eine K; man hat häufig den Satz zu schreiben „x und y sind a's"; wir wollen vereinbaren, diesen Satz symbolisch mit $x, y \,\varepsilon\, a$ zu bezeichnen. Da nun dieser Satz der Aufstellung der beiden Sätze $x\,\varepsilon\,a\,.\,y\,\varepsilon\,a$ äquivalent ist, so setzen wir als Definition:

1) $\qquad a\,\varepsilon\,\mathrm{K}\,.\,\supset\,:\,x, y\,\varepsilon\,a\,.\,=\,.\,x\,\varepsilon\,a\,.\,y\,\varepsilon\,a \qquad$ Def.

Aus diesem Beispiel ergiebt sich klar das gemeinschaftliche Merkmal der Definitionen, daß sie Abkürzungen sind; wer die Definition nicht anerkennen will, kann überall $x\,\varepsilon\,a\,.\,y\,\varepsilon\,a$ an Stelle von $x, y\,\varepsilon\,a$ schreiben; die Ideographien, die man durch Einführnng bez. Nichteinführung dieser Definition erhielte, wären ihrem Wesen nach durchaus nicht verschieden. Doch bietet die Definition eine nützliche Abkürzung; es empfiehlt sich daher sie anzunehmen.

$x, y, z\,\varepsilon\,a$ bedeutet $x, y\,\varepsilon\,a\,.\,z\,\varepsilon\,a$ d. h. $x\,\varepsilon\,a\,.\,y\,\varepsilon\,a\,.\,z\,\varepsilon\,a$.

a und b seien K's. Wir wollen statt „jedes a ist b" schreiben $a\,\supset\,b$ und können diese Schreibweise, wie folgt, symbolisch definieren:

2) $\qquad a, b\,\varepsilon\,\mathrm{K}\,.\,\supset\,\therefore\,a\,\supset\,b\,.\,=\,:\,x\,\varepsilon\,a\,.\,\supset_x\,.\,x\,\varepsilon\,b\,. \qquad$ Def.

In der Formel $x\,\varepsilon\,a\,.\,\supset_x\,.\,x\,\varepsilon\,b$ „wenn x ein a ist, so ist x auch ein b" ist der Buchstabe x, der als Index an dem Zeichen $\supset$ auftritt, ein *scheinbarer* Buchstabe, d. h. der Wert dieses Satzes hängt von x nicht ab; er drückt vielmehr eine Beziehung zwischen den Buchstaben a und b aus, die wir nach unserer Vereinbarung mit $a\,\supset\,b$ bezeichnen und dabei den scheinbaren Buchstaben x weglassen.

Das Zeichen $\supset$ zwischen Klassen kann „ist enthalten“, zwischen Sätzen „ergiebt sich“ gelesen werden. Daraus, daſs es auf verschiedene Art gelesen werden kann, folgt nicht, daſs es verschiedene Bedeutung hat, sondern nur, daſs die gewöhnliche Sprache mehrere Ausdrücke hat, um denselben Begriff darzustellen. Der Ausdruck, welcher am besten dem Zeichen $\supset$ in seinen verschiedenen Stellungen entspräche, wäre vielleicht „folglich“ oder „daher“.

Das Beispiel:

$$N \times 6 \supset N \times 2$$

„jedes Vielfache von 6 ist ein Vielfaches von 2“ oder auch „Vielfaches von 6, folglich Vielfaches von 2“ ist eine Anwendung der Definition 2. Will man diese Definition nicht benutzen, so kann man denselben Satz auch schreiben:

$$x\varepsilon N \times 6 \,.\, \supset \,.\, x\varepsilon N \times 2.$$

„Wenn x ein Vielfaches von 6 ist, so ist x ein Vielfaches von 2.“ An dem Zeichen $\supset$ hat man sich den Index x hinzuzudenken.

a sei eine K; schreibt man das Zeichen $x\varepsilon$ davor, so ergiebt sich der Satz $x\varepsilon a$, welcher den variabelen Buchstaben x enthält.

Wenn umgekehrt p_x ein Satz ist, der den variabelen Buchstaben x enthält, so wollen wir unter $\overline{x\varepsilon}p_x$ die Klasse der x verstehen, welche der Bedingung p_x genügen. Nennt man mithin diese Klasse a, d. h. also, setzt man

$$a = \overline{x\varepsilon}p_x,$$

so ist der Satz p_x gleichbedeutend mit $x\varepsilon a$

$$x\varepsilon a \,.\, = \,.\, p_x.$$

Das über $x\varepsilon$ stehende Zeichen — ist das Inversionszeichen, weil diese Vereinbarung ein spezieller Fall einer anderen über die Funktionen ist. Das ganze Zeichen $\overline{x\varepsilon}$ kann man lesen „die x, welche“. In dem Ausdruck $\overline{x\varepsilon}p_x$ ist der Buchstabe x scheinbar.

Will man diesen Satz in Symbolen ausdrücken, so muſs man, weil Symbole nicht gebildet sind, um auszudrücken „p_x sei ein Satz, der den variabelen Buchstaben x enthält“, annehmen, der Satz p_x sei auf die Form $x\varepsilon a$ reduziert, worin a eine K ist; wir setzen daher:

3) $a\varepsilon K \,.\, \supset \,.\, \overline{x\varepsilon}\,(x\varepsilon a) = a$ Def.

„Es sei a eine Klasse; setzt man alsdann das Zeichen $\overline{x\varepsilon}$ vor den Satz $x\varepsilon a$, so erhält man wieder die Klasse a.“ Diese Definition drückt in der That das erste Glied, welches noch keine Bedeutung hat, durch das zweite aus. Jedoch scheint es, als ob sie eine lange Bezeichnung an Stelle einer kurzen setze. Das kommt daher, weil der Satz, der x enthält, in der Form $x\varepsilon a$

geschrieben wurde. Schreibt man ihn in anderer Gestalt, so ist die Definition eine wirkliche Vereinfachung[1]).

a und b seien K's. Mit $a \frown b$ oder auch einfach nur mit ab wird die Klasse von Dingen bezeichnet, die zu gleicher Zeit a und b sind. Das Zeichen $\frown$ entspricht ungefähr dem Verbindungswort „und"; die Operation, welche es darstellt, heißt auch *logische Multiplikation*.

Diese Operation läßt sich definieren

$$4) \qquad a, b\,\varepsilon\mathrm{K} \,.\, \supset \,.\, ab = \overline{x\varepsilon}\,(x\varepsilon a \,.\, x\varepsilon b) \qquad \text{Def.}$$

„Wenn a und b Klassen sind, so versteht man unter ab die Gesamtheit der x, welche der Bedingung $x\varepsilon a \,.\, x\varepsilon b$ genügen."

Operiert man mit dem Zeichen $x\varepsilon$ an beiden Gliedern dieser Gleichung, so erhält man:

$$a, b\,\varepsilon\mathrm{K} \,.\, \supset \,:\, x\varepsilon ab \,.\, = \,.\, x\varepsilon a \,.\, x\varepsilon b.$$

„Sagt man, x sei ein ab, so heißt das so viel, als x ist ein a und x ist ein b." Jedoch kann diese Gleichheit nicht als Definition des Symbols ab gelten, sondern nur der ganzen Schreibweise $x\varepsilon ab$.

Auf diese Art ist die logische Multiplikation der Klassen definiert worden durch die gleichzeitige Aufstellung der logischen Multiplikation der Sätze, welche als Grundbegriff angenommen wurde, und mittelst des Zeichens $\overline{x\varepsilon}$, das definiert worden ist (Def. 3). Es ist uns jedoch nicht gelungen, die Bedeutung des Zeichens ab ohne Benutzung der Def. 3 zu erklären.

Beispiel:

$$\mathrm{N}\,\mathrm{p} \frown (4\mathrm{N} + 1) \supset \mathrm{N}^2 + \mathrm{N}^2.$$

„Jede Primzahl von der Form $4x + 1$, worin x ein N bedeutet, ist die Summe zweier Quadrate." Will man die eingeführten Definitionen nicht benutzen, sondern nur Grundbegriffe, so würde man diesen Satz zu schreiben haben

$$x\varepsilon\mathrm{N}\,\mathrm{p} \,.\, x\varepsilon 4\mathrm{N} + 1 \,.\, \supset \,.\, x\varepsilon\mathrm{N}^2 + \mathrm{N}^2.$$

Wir geben nun die folgende Definition

$$5) \qquad a, b\,\varepsilon\mathrm{K} \,.\, \supset \,:\, a = b \,.\, = \,.\, a \supset b \,.\, b \supset a \qquad \text{Def.}$$

„Es seien a und b Klassen; man sagt, es sei $a = b$, wenn jedes a ein b ist und jedes b ein a." In dieser Definition befindet sich auf der einen Seite das Zeichen $=$ zwischen Klassen und soll definiert werden; auf der anderen tritt das Zeichen nicht auf. Die beiden Seiten sind durch das Zeichen $=$ verbunden,

---

1) Statt $\overline{x\varepsilon}\,p_x$ kann man des bequemeren Druckens wegen auch $x\,\mathfrak{z}\,p_x$ schreiben.

dieses hat man sich aber mit dem Zeichen Def. so verbunden zu denken, daſs die beiden Zeichen $=$ Def. nur ein einziges vorstellen. So ist es nur ein scheinbarer Zirkelschluſs, wenn man das Zeichen $=$ durch die Benutzung desselben Zeichens definiert.

Die folgenden Sätze verdienen Beachtung:

$$a, b, c \,\varepsilon\, \mathrm{K} \,.\, \supset \,.\, aa = a$$

$$ab = ba$$

$$a(bc) = (ab)c.$$

Sie wurden in Worten schon von *Leibniz* (*Opera philosophica*, S. 98) aufgestellt und in Symbolen von *Boole*, 1854, S. 29, 31 wenigstens bis auf die Bedeutung der Buchstaben, die damals noch mittelst der gewöhnlichen Sprache erklärt werden muſste.

Beispiel:

$$(\mathrm{N} \times 2) \frown (\mathrm{N} \times 3) = (\mathrm{N} \times 6).$$

Das Zeichen Λ zwischen Klassen bedeutet die Klasse Null, d. h. diejenige, welche kein Individuum enthält. Man kann folgendermaſsen definieren:

6) $a\,\varepsilon\,\mathrm{K} \,.\, \supset \,\therefore\, a = \Lambda \,.\, = \,:\, b\,\varepsilon\,\mathrm{K} \,.\, \supset_b \,.\, a \supset b.$ Def.

„a sei eine Klasse. Man sagt, die Klasse a sei Null, wenn für jede beliebige Klasse b, a in b enthalten ist.“

Der Satz $b\,\varepsilon\,\mathrm{K} \,.\, \supset_b \,.\, a \supset b$ enthält den scheinbaren Buchstaben b und ist daher eine Bedingung nur für a; wir können deshalb vereinbaren, sie mit der Schreibweise $a = \Lambda$ zu bezeichnen, worin nur der Buchstabe a auftritt.

Man beachte, daſs nur der Satz $a = \Lambda$ definiert worden ist, daſs man daher für den Augenblick noch den Komplex von Zeichen $= \Lambda$ als ein einziges Zeichen betrachten muſs. Diese Bezeichnungsart ist jedoch von Vorteil, weil die Bedingung $a = \Lambda$ sich wie eine Gleichheit verhält; d. h. man kann die Sätze beweisen:

$$a, b\,\varepsilon\,\mathrm{K} \,.\, a = \Lambda \,.\, b = \Lambda \,.\, \supset \,.\, a = b,$$

$$\text{„} \quad .\, a = b \,.\, b = \Lambda \,.\, \supset \,.\, a = \Lambda.$$

Das Zeichen Λ ist aber bis jetzt noch nicht definiert, d. h. man kann noch keine Gleichheit bilden, deren eine Seite Λ ist und deren andere eine Gruppe bekannter Bezeichnungen bildet.

Analog dem Zeichen Λ kann man auch das Zeichen V (Alles) einführen:

$$a\,\varepsilon\,\mathrm{K} \,.\, \supset \,\therefore\, a = \mathrm{V} \,.\, = \,:\, b\,\varepsilon\,\mathrm{K} \,.\, \supset_b \,.\, b \supset a.$$

Das Zeichen V hat jedoch keinen praktischen Nutzen und kommt im Formular überhaupt nicht vor.

Beispiel:
$$N^3 \cap (N^3 + N^3) = \Lambda.$$

„Kubikzahlen, welche zugleich die Summe zweier Kubikzahlen sind, existieren nicht." Will man diesen Satz durch die Grundbegriffe allein ausdrücken, ohne die Definitionen zu gebrauchen, so lautet er:
$$x \varepsilon N^3 . x \varepsilon N^3 + N^3 . \, a \varepsilon K . \supset . x \varepsilon a.$$

a und b seien Klassen; $a \cup b$ bezeichnet die kleinste Klasse, die a und b enthält. Das Zeichen $\cup$ wird „oder" gelesen; die durch dieses Zeichen angegebene Operation heißt logische Addition.

Es läßt sich durch die früheren Symbole auf die folgende Art definieren:

8) $\qquad a, b \varepsilon K . \supset . a \cup b = \overline{x \varepsilon} (c \varepsilon K . a \supset c . b \supset c . \supset_c . x \varepsilon c).$ $\qquad$ Def.

„Wenn a und b die angegebene Bedeutung haben, so bezeichnet $a \cup b$ die Gesamtheit der Individuen, die jeder Klasse c angehören, welche die beiden Klassen a und b enthält."

Man hat:
$$a, b, c \varepsilon K . a \supset c . b \supset c . \supset . a \cup b \supset c \qquad (\textit{Leibniz}, \text{ S. 96})$$
$$\text{„ „ } . \supset . a(b \cup c) = ab \cup ac.$$

Diese Formel drückt die distributive Eigenschaft der logischen Multiplikation in Bezug auf die Addition aus; die Eigenschaft wurde von *Lambert*, 1781 erkannt.

Beispiel:
$$Np \cap (3 + N) \supset (6N - 1) \cup (6N + 1).$$

Dieser Satz läßt sich ohne Benutzung der Def. 8) auf folgende Art darstellen:
$$x \varepsilon Np . x > 3 . a \varepsilon K . 6N - 1 \supset a . 6N + 1 \supset a . \supset . x \varepsilon a.$$

Wenn a eine Klasse ist, so versteht man unter $\sim a$ die Klasse der nicht a, die sich, wie folgt, definieren läßt:

9) $\qquad a \varepsilon K . \supset . \sim a = \overline{x \varepsilon}(b \varepsilon K . a \cup b = V . \supset_b . x \varepsilon b)$ $\qquad$ Def.

„Unter $\sim a$ verstehen wir die Gesamtheit der x, welche jeder Klasse b angehören, die mit a zusammen als Summe das Ganze ergiebt."

Die Negation wird so mittelst der Zeichen $\cup$ und V ausgedrückt. Von den vielen Identitäten, die es giebt, erwähnen wir die beiden:
$$a, b \varepsilon K . \supset . \sim (a \cup b) = (\sim a) \cap (\sim b)$$
$$\sim (a \cap b) = (\sim a) \cup (\sim b),$$

welche *De Morgan*, 1858 (mit Ausschluſs der Bedeutung der Buchstaben) in Symbolen ausgedrückt hat.

Aus der ersten ergiebt sich

$$a,\, b\,\varepsilon\,\mathrm{K} \,.\, \supset \,.\, a\cup b = \,\sim[(\sim a)\cap(\sim b)],$$

welche man als Definition des Zeichens $\cup$ durch die Zeichen $\sim$ und $\cap$ benutzen könnte; so war es in der That in dem Formular geschehen; die jetzt getroffene Wahl führt aber zu einer weiteren Reduktion.

Die Zeichen $\supset$ und $\cap$ können sich zwischen Sätzen befinden oder zwischen Klassen; die Bedeutung des zweiten wurde aus der des ersten mittelst der Definitionen 2 und 4 abgeleitet. Die Zeichen $=$, Λ, $\cup$, $\sim$, die nur für Klassen definiert sind, erscheinen auch zwischen Sätzen und werden dann, wie folgt, erklärt:

10) $\quad a,\, b\,\varepsilon\,\mathrm{K}\,.\,\supset\,.\,\therefore x\,\varepsilon\,a\,.\,=_x\,.\,x\,\varepsilon\,b\,:\,=\,:\,x\,\varepsilon\,a\,.\,\supset_x x\,\varepsilon\,b\,:\,x\,\varepsilon\,b\,.\,\supset_x x\,\varepsilon\,a\quad$ Def.

oder auch

$$\text{\emph{\hphantom{}}}\quad''\qquad''\qquad''\qquad = \,.\, a = b.$$

„Wir sagen, zwei Bedingungssätze für x nämlich $x\,\varepsilon\,a$ und $x\,\varepsilon\,b$ seien in Bezug auf x äquivalent, wenn aus dem ersten der zweite folgt und umgekehrt, oder, was dasselbe bedeutet, wenn die Klassen a und b gleich sind.“

Die Zeichen $\supset$ und $=$ haben eine ändere Stellung, die häufig vorkommt, und die wir, wie folgt, definieren:

11) $\quad a,\, b,\, c\,\varepsilon\,\mathrm{K}\,.\,\supset\,::\,x\,\varepsilon\,a\,.\,\supset_x\,:\,x\,\varepsilon\,b\,.\,\supset\,.\,x\,\varepsilon\,c\,.\,\therefore\,=\,:\,x\,\varepsilon\,a\,.\,x\,\varepsilon\,b\,.\,\supset_x\,.\,x\,\varepsilon\,c$

oder auch

$$''\qquad''\qquad''\qquad''\qquad = ab\supset c\qquad\qquad\text{Def.}$$

„Wenn a, b, c Klassen sind, so sagen wir, aus $x\,\varepsilon\,a$ folge in Bezug auf x, daſs $x\,\varepsilon\,b$ aus $x\,\varepsilon\,c$ folgt, wenn aus $x\,\varepsilon\,a$ und aus $x\,\varepsilon\,b$ sich $x\,\varepsilon\,c$ ergiebt, das heiſst, wenn die Klasse ab in c enthalten ist.“

12) $\quad a,\, b,\, c\,\varepsilon\,\mathrm{K}\,.\,\supset\,::\,x\,\varepsilon\,a\,.\,\supset_x\,:\,x\,\varepsilon\,b\,.\,=\,.\,x\,\varepsilon\,c\,.\,\therefore\,=\,.\,ab\supset c\,.\,ac\supset b\quad$ Def.

„Wir sagen ferner, wenn $x\,\varepsilon\,a$ besteht, sei die Bedingung $x\,\varepsilon\,b$ äquivalent der Bedingung $x\,\varepsilon\,c$, falls bei der Hypothese $x\,\varepsilon\,a$ sich aus $x\,\varepsilon\,b$ ergiebt $x\,\varepsilon\,c$ und umgekehrt, das heiſst, wenn $ab\supset c$ und $ac\supset b$.“

13) $\qquad\qquad a\,\varepsilon\,\mathrm{K}\,.\,\supset\,.\,\therefore x\,\varepsilon\,a\,.\,=_x\Lambda\,.\,=\,.\,a=\Lambda\qquad\qquad$ Def.

„a sei eine Klasse; wir sagen, der Satz $x\,\varepsilon\,a$ sei in Bezug auf die Variabele x absurd, und schreiben dies, wie in der Formel, wenn die Klasse a Null ist.“

14) $\qquad\qquad a,\, b\,\varepsilon\,\mathrm{K}\,.\,\supset\,:\,x\,\varepsilon\,a\,.\,\cup\,.\,x\,\varepsilon\,b\,.\,=\,.\,x\,\varepsilon\,a\cup b\qquad\qquad$ Def.

„Wir schreiben $x\,\varepsilon\,a\,.\,\cup\,.\,x\,\varepsilon\,b$ und lesen dies x ist ein a oder x ist ein b statt x ist ein a oder b.“

15) $$a\,\varepsilon\,\mathrm{K}\,.\,\supset\,:\,\sim(x\,\varepsilon\,a)\,.\,=\,.\,x\,\varepsilon\,\sim a.$$ Def.

Hier wird die Negation eines Satzes durch die Negation einer Klasse ausgedrückt.

Bei den vorstehenden Definitionen ist die linke Seite komplizierter als die rechte, weil die Sätze, an denen wir operieren, in der Form $x\,\varepsilon\,a$ ausgedrückt sind.

Zur Vermeidung von Klammern setzt man das Zeichen $\sim$ häufig vor das Beziehungszeichen, wie z. B.

16) $$a\,\varepsilon\,\mathrm{K}\,.\,\supset\,:\,x\sim\varepsilon\,a\,.\,=\,.\,\sim(x\,\varepsilon\,a)$$ Def.

17) $$x\sim\,=\,y\,.\,=\,.\,\sim(x\,=\,y)$$ Def.

Um einigen der aufgeführten Definitionen die allgemeine Geltung geben zu können, die wir in unseren Formeln nötig haben, müssen wir den Begriff des Paares einführen.

$(x\,;\,y)$ bezeichnet das Paar, das von den Dingen x und y gebildet wird.

Dieses Paar wird als ein neues Ding betrachtet. In dem Formular ist statt $(x\,;\,y)$ einfach $(x,\,y)$ geschrieben worden, da in der Anwendung die Gefahr einer Verwechselung mit der Definition 1^{a} nicht besteht.

Der Begriff des Paares ist ein Grundbegriff, das heißt, wir sind nicht im stande, ihn durch die früheren Symbole auszudrücken. Jedoch können wir die Gleichheit zweier Paare definieren:

18) $$(x\,;\,y)\,=\,(a\,;\,b)\,.\,=\,.\,x\,=\,a\,.\,y\,=\,l$$ Def.

„Das Paar $(x\,;\,y)$ heißt dem Paar $(a\,;\,b)$ gleich, wenn ihre Elemente der Ordnung nach gleich sind."

Mit Hülfe des Begriffs des Paares können wir einige wichtige Regeln für Schlußfolgerungen, die wir in früheren Arbeiten in gewöhnlicher Sprache erklärt hatten, jetzt vollständig in Symbolen ausdrücken, wie z. B.

$$a,\,b,\,c\,\varepsilon\,\mathrm{K}\,:\,x\,\varepsilon\,a\,.\,(x\,;\,y)\,\varepsilon\,b\,.\,\supset_{x,y}.\,(x\,;\,y)\,\varepsilon\,c\,:\,\supset\,.\,.\,x\,\varepsilon\,a\,.\,\supset_{x}:\,(x\,;\,y)\,\varepsilon\,b\,.\,\supset_{y}.\,(x\,;\,y)\,\varepsilon\,c.$$

„$a,\,b,\,c$ seien Klassen. Wir nehmen an, für jedes beliebige x und y gehöre, wenn x der Klasse a angehört, und das Paar $(x\,;\,y)$ der Klasse b, das letztere Paar der Klasse c an. Alsdann folgt, daß für jedes beliebige x, wenn es nur ein a ist, und für jedes beliebige y, wenn nur das Paar $(x\,;\,y)$ der Bedingung b genügt, das Paar $(x\,;\,y)$ die Bedingung c erfüllt."

Diese Regel für Schlußfolgerungen heißt „die Hypothesen separieren". Auch der umgekehrte Satz ist gültig.

Beispiel:

$$a\,\varepsilon\,\dot{\mathrm{N}}\,.\,b\,\varepsilon\,\mathrm{N}\times a\,.\,c\,\varepsilon\,\mathrm{N}\times b\,.\,\supset\,.\,c\,\varepsilon\,\mathrm{N}\times a.$$

Hier muſs man sich an dem Zeichen $\bigcirc$ die Indices a, b, c hinzudenken. Separiert man die Hypothesen in Bezug auf a und b, so erhält man

$$a\varepsilon N . b\varepsilon N \times a . \bigcirc : c\varepsilon N \times b . \bigcirc_c . c\varepsilon N \times a.$$

Bei dem ersten der Zeichen $\bigcirc$ hat man die Indices a und b zu ergänzen; das zweite trägt den Index c. Nach. Def. 2 kann man auch schreiben:

$$a\varepsilon N . b\varepsilon N \times a . \bigcirc . N \times b \bigcirc N \times a.$$

Das Tripel oder die Terne $(x; y; z)$ kann man als ein aus $(x; y)$ und z gebildetes Paar ansehen.

Die Definitionen 10)—15) drücken Operationen an Sätzen von der Form $x\varepsilon a$ aus, die nur einen veränderlichen Buchstaben x enthalten. Wir können aber annehmen x stelle ein Paar, eine Terne, d. h. irgend ein System von Buchstaben dar; nimmt man daher den Begriff des Paares hinzu, so drücken diese Definitionen Operationen an beliebigen Bedingungssätzen aus.

Der Satz $a\sim = \Lambda$, worin a eine Klasse ist, heiſst also „die a existieren". Da nun diese Beziehung sehr häufig vorkommt, so halten es verschiedene Mitarbeiter für empfehlenswert, sie durch ein einziges Zeichen auszudrücken, statt die ganze Gruppe $\sim = \Lambda$ zu verwenden. Wer der Ansicht ist, könnte z. B. setzen

19) $\qquad\qquad a\varepsilon K . \bigcirc : \exists a . = . a\sim = \Lambda \qquad\qquad$ Def.

Beispiel:

$$\exists N^2 \cap (N^2 + N^2).$$

„Es existieren Quadrate, welche die Summe von Quadraten sind."

Das Zeichen $=$ ist für den Fall schon definiert worden, wenn es zwischen zwei Klassen, zwei Sätzen, zwei Paaren steht; in der Mathematik wird es immer von neuem definiert, wenn es sich zwischen neu eingeführten Dingen befindet.

Man kann die allgemeine Definition geben:

20) $\qquad\quad x = y . = : a\varepsilon K . x\varepsilon a . \bigcirc_a . y = a. \qquad\qquad$ Def.

„Wir sagen, das Ding x sei dem Ding y gleich, wenn jede Klasse a, welche x enthält, auch y enthält."

Wir müssen jedoch noch zeigen, wie die verschiedenen speziellen Definitionen in diese eine sich einfügen.

Ist x irgend ein beliebiges Ding, so versteht man unter ιx die Klasse, welche aus diesem einen Ding allein gebildet ist:

21) $\qquad\qquad\qquad \iota x = \overline{y}\varepsilon (y = x) \qquad\qquad\qquad$ Def.

„Unter ιx versteht man die Gesamtheit der y, welche der Bedingung $y = x$ genügen."

Man hat die Gleichheiten

$$a\,\varepsilon\,\mathrm{K} \,.\, \cap \,.\, x\,\varepsilon\,a \quad . = . \, \iota x \cap a$$

„$\quad\quad x\,\varepsilon\sim a \,.=.\, \iota x \cap a = \Lambda$

„$\quad\quad x,\,y\,\varepsilon\,a \,.=.\, \iota x \cup \iota y \cap a,$

welche die Sätze $x\,\varepsilon\,a$ und $x\,\varepsilon\sim a$ durch andere ausdrücken, in denen die Zeichen ε, $\sim$ nicht vorkommen.

Umgekehrt sei a eine Klasse, welche nur ein Individuum enthält, d. h., es mögen solche a existieren, daß zwei Individuen x und y von a, wie man sie auch nehmen möge, stets gleich seien. Alsdann bezeichnen wir dieses Individuum mit $\imath a$ oder $\jmath a$. Man hat daher

22) $a\,\varepsilon\,\mathrm{K} \,.\, \exists\, a : x,\,y\,\varepsilon\,a \,.\, \cap_{xy} \,.\, x = y : \cap : x = \imath a \,.=.\, a = \iota x$ Def.

Diese Definition giebt in Wirklichkeit die Bedeutung der ganzen Formel $x = \imath a$ und nicht der Gruppe $\imath a$ allein. Jeder Satz aber, der $\imath a$ enthält, läßt sich auf die Form $\imath a\,\varepsilon\,b$, worin b eine Klasse ist, reduzieren und diese Form auf $a \cap b$, worin das Zeichen $\imath$ verschwunden ist, wenn es auch nicht gelingt eine Gleichheit zu bilden, deren eine Seite $\imath a$ und deren andere eine Gruppe bekannter Zeichen ist.

Beispiel:

$$a,\,b\,\varepsilon\,\mathrm{N} \,.\, a < b \,.\, \cap \,.\, b - a = \imath\,\mathrm{N} \cap \overline{x\varepsilon}\,(a + x = b).$$

„Wenn a und b Zahlen sind, und $a < b$ ist, so bezeichnet $b - a$ die ganze Zahl, die zu a hinzugefügt b ergiebt.“

Die Def. 6 giebt die Bedeutung des ganzen Symbols $= \Lambda$; das Symbol Λ allein läßt sich definieren:

$$\Lambda = \imath\,\mathrm{K} \cap \overline{a\varepsilon}\,(b\,\varepsilon\,\mathrm{K} \,.\, \cap_b \,.\, a \cap b)$$

oder auch

$$\Lambda = \imath\,\overline{x\varepsilon}\,(a\,\varepsilon\,\mathrm{K} \,.\, \cap_a a \sim a = x).$$

„Null ist der allgemeine Wert des Ausdrucks $a \sim a$, welche Klasse a auch sein mag.“

Man hat auch

$$a\,\varepsilon\,\mathrm{K} \,.\, \cap \,.\, \sim a = \imath\,\mathrm{K} \cap \overline{x\varepsilon}\,[a \cap x = \Lambda \,.\, a \cup x = \mathrm{V}].$$

„Wenn a eine Klasse ist, so giebt $\sim a$ diejenige Klasse x an, welche mit a multipliziert Null und zu a addiert das Ganze giebt.“

Diese Definition der Negation von a drückt *Schröder*, *Algebra der Logik*, 1891, S. 32 zum Teil in Symbolen zum Teil in Worten aus.

Wir wollen noch die Ausdrücke Korrespondenz oder Funktion f und $\jmath$ definieren.

23) $a,\,b\,\varepsilon\,\mathrm{K} \,.\, \cap \,\therefore\, u\,\varepsilon\,b\,\mathrm{f}\,a \,.=: x\,\varepsilon\,a \,.\, \cap_x \,.\, ux\,\varepsilon\,b.$

23$'$)   „$\quad .\, \cap \,\therefore\, u\,\varepsilon\,a\,\jmath\,b \,.=: x\,\varepsilon\,a \,.\, \cap_x \,.\, xu\,\varepsilon\,b.$

„Wenn a und b Klassen sind, so sagen wir u sei ein bfa oder ein $a\,\mathtt{f}\,b$, wenn man dadurch, daſs man das Zeichen u vor oder hinter ein beliebiges Individuum der Klasse a setzt, b erhält.“

Die Korrespondenz der Ähnlichkeit läſst sich definieren:

$$24)\quad a,b\,\varepsilon\,\mathrm{K}.\mathtt{O}\,\therefore\,f\varepsilon(bfa)\,\mathrm{sim}.\!=\!:f\varepsilon bfa:x,y\,\varepsilon\,a.x\!\sim\!=\!y.\mathtt{O}_{xy}.fx\!\sim\!=\!fy.$$

Die reziproke Korrespondenz:

$$25)\quad a,b\,\varepsilon\,\mathrm{K}.\mathtt{O}\,\therefore\,f\varepsilon(bfa)\,\mathrm{rcp}.\!=\!:f\varepsilon(bfa)\,\mathrm{sim}:y\,\varepsilon\,b\,\mathtt{O}_{y}.\,\mathtt{H}\,\overline{x\,\varepsilon}\,(x\,\varepsilon\,a.fx\!=\!y)$$

und schlieſslich die Zahl:

$$26)\qquad a,b\,\varepsilon\,\mathrm{K}.\mathtt{O}:\mathrm{Num}\,a=\mathrm{Num}\,b.=.\,\mathtt{H}\,(bfa)\,\mathrm{rcp}.$$

„Wir sagen die Zahl der a sei der Zahl der b gleich, wenn eine reziproke Korrespondenz zwischen den a und b existiert.“

Aus diesem Allem folgt nun:

Kommt man über gewisse Symbole überein, die durch die gewöhnliche Sprache erklärt werden und Begriffe darstellen, die wir primitive oder Grundbegriffe nennen, so läſst sich, wie wir es gethan haben, die symbolische Definition aller Zeichen geben, die in der mathematischen Logik vorkommen.

Wir sind aber der Ansicht, daſs auf diesem Gebiet noch viel zu thun ist. Man kann suchen, die Anzahl der für primitiv gehaltenen Begriffe weiter zu reducieren oder kann andere Wege einschlagen, indem man zu Grundbegriffen eine andere Gruppe von Begriffen nimmt und auf diese Weise irgend einer Vereinfachung erstrebt.

Die zahlreichen Gleichheiten der Logik, die man kennt und die man noch finden kann, gestatten bei dem Klassificieren der Symbole der Logik verschiedene Richtungen zu verfolgen.

Es würde nun die Klassifikation der Sätze der Logik in primitive und abgeleitete ein längeres Studium erfordern. Wir begnügen uns jedoch hier damit, die Aufmerksamkeit auf diese im höchsten Grad wertvollen und interessanten Studien gelenkt zu haben.

Anhang II.

Definitionen der Arithmetik.

(Auszug aus dem Formulaire de Mathématiques, Bd. 2, § 2.)

Grundbegriffe.

1) $0 = $ „Null.“
2) $N_0 = $ „eine ganze, positive Zahl oder Null.“
3) $a \varepsilon N_0 . \supset . a + = $ „die auf a folgende Zahl.“

Grundsätze.

1) $0 \varepsilon N_0$.
2) $a \varepsilon N_0 . \supset . (a +) \varepsilon N_0$.
3) $a, b \varepsilon N_0 . (a +) = (b +) . \supset . a = b$.
4) $a \varepsilon N_0 . \supset . (a +) \sim = 0$.
5) $s \varepsilon Cls . 0 \varepsilon s : x \varepsilon s . \supset_x . (x +) \varepsilon s : \supset . N_0 \supset s$.

Die drei ersten Nummern drücken durch die gewöhnliche
Sprache die Bedeutung der Symbole N_0, $+$, 0 aus.

Die durch diese Symbole dargestellten Grundbegriffe werden
durch fünf Grundsätze bestimmt, aus welchen sich alle Sätze der
Arithmetik ergeben.

Wir wollen das Zeichen N_0 „Zahl“ lesen, obwohl dieses Wort
verschiedene Bedeutungen hat.

Das Zeichen N_0 stellt, obwohl es mit zwei Zeichen gedruckt
ist, einen einfachen Begriff dar. Die Zahlen, die mit 1 beginnen,
bezeichnen wir mit N_1.

Nach der Schule des Pythagoras ist die erste Zahl 2. Das
Wort „Ἀριθμός“ des Euclid ist daher mit $N_0 + 2$ zu übersetzen.

Das Zeichen $+$ stellt vorerst den einfachen Begriff des
„Folgenden“ dar. Später soll es die Summe bezeichnen, wie es
der gewöhnliche Gebrauch ist.

Bei dem Lesen der Sätze empfiehlt es sich, möglichst sich
der gewöhnlichen Sprache zu nähern. Man wird z. B. die Grundsätze (Pp)[1] lesen:

---

[1] Pp Abkürzung für Proposizioni primitive.

(P1) „0 ist eine Zahl."

(P2) „Es sei a eine Zahl; die darauf folgende ist auch eine bestimmte Zahl."

(P3) „Wenn auf zwei Zahlen a und b dieselbe Zahl folgt, so sind sie gleich."

(P4) „Die Zahl, welche auf eine beliebige Zahl folgt, ist niemals 0."

(P5) „s sei eine Klasse: wir wollen annehmen, 0 gehöre dieser Klasse an, und jedesmal, wenn ein Individuum x dieser Klasse angehört, gehöre auch das ihm folgende ihr an; alsdann gehören alle Zahlen dieser Klasse an." Diese Pp heißt Inductionsprinzip. Man kann sie auch lesen: „Wenn ein Satz für die Zahl 0 gilt und wenn er, für die Zahl x geltend, auch für die Zahl $(x\,+)$ seine Gültigkeit behält, so gilt er allgemein."

Definition der Ziffern.

$$1 = 0 + .\ 2 = 1 + .\ 3 = 2 + .\ 4 = 3 + .\ 5 = 4 + .$$
$$6 = 5 + .\ 7 = 6 + .\ 8 = 7 + .\ 9 = 8 + .\ X = 9 + .$$

Wir haben zu den Ziffern $0, 1 \ldots 9$ das Zeichen X der Römer hinzugefügt, um die Zahl „zehn" anzugeben; wir haben es so lange nötig, bis wir Vereinbarungen über das Zählen getroffen haben, welche notwendiger Weise erst der Multiplikation und dem Erheben auf eine Potenz folgen können.

Definition der Summe zweier N_0

$$a,\, b\,\varepsilon\,N_0 \,.\, \Im.$$

1) $a + 0 = a$.

2) $a + (b\,+) = (a + b) + $.

Diese P geben durch Induction die Definition der Summe $a + b$.

„$a + 0$ bedeutet a und wenn man die Bedeutung von $a + b$ für einen gewissen Werth von b kennt, so versteht man unter $a + (b\,+)$ die auf $a + b$ folgende Zahl."

Wenn man in 2), $b = 0$ setzt, so erhält man zuerst die Bedeutung von $a + 1$; setzt man $b = 1$, so ergiebt sich der Wert von $a + 2$, etc.

Verallgemeinerung.

$$s\,\varepsilon\,\mathrm{Cls} \,.\, u\,\varepsilon\,s\mathbf{J}s \,.\, a\,\varepsilon\,s \,.\, b\,\varepsilon\,N_0 \,.\, \Im.$$

1) $au0 = a$.

2) $au(b\,+) = (aub)\,u$.

(P1) „s sei eine Klasse; u eine Transformation der s in s; a sei ein s und b eine Zahl. Alsdann bedeutet $au0$ soviel wie a."

(P2) „unter $au(b+)$ verstehen wir das, was man erhält, wenn man an aub noch einmal mit dem Zeichen u operiert.“

Setzt man in P2, $b=0$, so erhält man $au1=au$; setzt man $b=1$, so wird $au2=(au)u$, $au3=auuu$, u. s. w. Daraus folgt durch Induktion die Bedeutung von aub für jede beliebige Zahl b. Nimmt man z. B. als Klasse s die N_0 und als Operation u die Operation $+$ (das folgende), so erhält man, wie zuvor

$$a + 0 = a, \; a + 1 = a+, \; a + 2 = a + +, \ldots$$

Die Formel aub muſs, wenn es nötig ist, in $a(ub)$ zerlegt werden. Wenn daher u eine bestimmte Operation in der Klasse s ist, so ergiebt sich für jede beliebige Zahl b die neue Operation ub, welche man „die $b$mal wiederholte Operation u“ nennt.

Definition von N_1 (einer Zahl, die gröſser als 0 ist):

$$N_1 = N_0 + .$$

Statt N_1, einer auf irgend ein N_0 folgenden Zahl, findet man in manchen Arbeiten N geschrieben.

Definition der Differenz:

$$a\varepsilon N_0 \,.\, b\varepsilon a + N_0 \,.\, \mathfrak{O} \,.$$
$$b - a = \imath\,[N_0 \cap x\, \exists\,(x + a = b)].$$

„Es sei a eine Zahl und b eine Zahl gröſser als a oder gleich a. Man bezeichnet mit $b - a$ die Zahl x, welche der Gleichung $x + a = b$ genügt.“

Daraus läſst sich ableiten

$$+ \; a\varepsilon N_0 \, \mathfrak{z} \, N_0 \,.$$
$$- \; a\varepsilon (a + N_0) \, \mathfrak{z} \, N_0 \,.$$

„Es sei a eine Zahl, alsdann ist $- a$ eine Operation, welche an einer Zahl ausgeführt, die nicht kleiner als a ist, eine Zahl erzeugt.“

Man kann sie mit der vorhergehenden Formel vergleichen, welche aussagt, daſs $+ a$, d. h. die Operation $+$, $a$mal wiederholt, ein $N_0 \, \mathfrak{z} \, N_0$ ist.

Die Zeichen $+ N_0$ und $- N_0$ entsprechen etwa den Worten „positive Zahl“ und „negative Zahl“; sie stellen sich als Operationen $\mathfrak{z}$ dar. Das Zeichen $+ a$ ist gleichwertig mit dem Ausdruck „a hinzufügen“ und $- a$ bedeutet „a wegnehmen“.

Definition von n (einer ganzen positiven oder negativen Zahl):

$$n = + N_0 \cup - N_0.$$

Definition der Gleichheit zweier n:

$$x, y\varepsilon n \,.\, \mathfrak{O} \,\therefore$$
$$x = y \,.\, = : u\varepsilon N_0 \,.\, u + x, \; u + y\varepsilon N_0 \,.\, \mathfrak{O}u \,.\, u + x = u + y.$$

23*

„Zwei ganze Zahlen x und y sind nach der Definition gleich, wenn für jede positive Zahl u, $u + x = u + y$ ist, vorausgesetzt, daſs diese Operationen in natürlichen Zahlen möglich sind."

Definition der Summe zweier n:

$$x, y \,\varepsilon\, n \,.\, \supset \,\therefore\, x + y =$$

$$= {}^{\imath}n \cap z \,\varepsilon\, [u \,\varepsilon\, N_0 \,.\, u + x, \, u + x + y \,\varepsilon\, N_0 \,.\, \supset_u \,.\, u + x + y = u + z].$$

Koincidenz von n und N_0:

$$a \,\varepsilon\, N_0 \,.\, \supset \,.\, a = + a.$$

Diese Definition besagt, daſs wir dem gewöhnlichen Gebrauch entsprechend die Vereinbarung treffen, mit demselben Zeichen die beiden verschiedenen Dinge a und $+ a$ darzustellen. Man braucht offenbar diese Koincidenz nicht anzunehmen.

Definition des Produkts zweier N_0:

$$a, b \,\varepsilon\, N_0 \,.\, \supset \,.\, a \times b = 0 \,[(+ a)\, b].$$

„a und b seien Zahlen; unter $a \times b$ oder ab versteht man dasjenige, was sich ergiebt, wenn an 0 die Operation $+ a$, $b$mal ausgeführt wird."

Definition des Produkts zweier n:

$$a \,\varepsilon\, n \,.\, b \,\varepsilon\, N_0 \,.\, \supset \,.\, a \times b = 0 \,[(+ a)\, b].$$

$$\text{„} \qquad \text{„} \qquad .\, \supset \,.\, a \times (- b) = 0 \,[(- a)\, b].$$

Definition des Verhältnisses zweier N_1:

$$a \,\varepsilon\, N_1 \,.\, b \,\varepsilon\, N_1 \times a \,.\, \supset \,.\, b/a = {}^{\imath}N_1 \cap x \,\varepsilon\, (x \times a = b).$$

„Es sei a eine Zahl, die nicht Null ist, und b ein Vielfaches von a; „b dividiert durch a" bezeichnet die Zahl x, welche der Bedingung $x \times a = b$ genügt."

Daraus folgt

$$/a \,\varepsilon\, (a \times N_1)\, \mathsf{f}\, N_1 \,.$$

$/a$, welches „durch a dividieren" gelesen wird, bezeichnet mithin eine bestimmte Operation an den Vielfachen von a; das Resultat ist ein N_1.

Definition von R (der rationalen, positiven Zahl):

$$R = x \,\varepsilon\, \mathfrak{H}\, (a, b) \,\varepsilon\, [a, b \,\varepsilon\, N_1 \,.\, x = (\times b)\, (/a)]$$

oder auch

$$R = N_1 / N_1.$$

„Man nennt „Verhältnis" jeden Ausdruck von der Form $(\times b)\,(/a)$, in welchem a und b ganze positive Zahlen sind."

Die rationale Zahl oder das Verhältnis, der λόγος ὃν ἀριθμὸς πρὸς ἀριθμὸν ἔχει des Euclid, stellt sich hier als eine in gewissen

Fällen mögliche Operation dar; wir haben diese Zahl auf dieselbe Art gefunden, wie die positiven und negativen Zahlen.

Definition der Gleichheit, der Summe, des Produkts zweier R und des reciproken Wertes eines R:

$$x, y \varepsilon R . \supset \therefore$$

$1 . \; x = y . = : u\varepsilon N_1 . ux, uy\varepsilon N_1 . \supset_u . ux = uy$ Def.

$2 . \; x + y = \imath R \cap z \vartheta \, (u\varepsilon N_1 . ux, uy\varepsilon N_1 . \supset_u . ux + uy = uz)$ Def.

$3 . \; xy = \imath R \cap z \vartheta \, (u\varepsilon N_1 . ux, uxy\varepsilon N_1 . \supset_u . uxy = uz)$ Def.

$4 . \; /x = \imath R \cap y \vartheta \, (x \times y = 1).$ Def.

1. „Zwei rationale Zahlen x und y heifsen gleich, wenn für jede beliebige Zahl u, die aber derart ist, dafs die Operationen ux und uy möglich sind, die Resultate dieser Operationen gleich sind.“

3. „Das Produkt xy zweier rationalen Zahlen ist die rationale Zahl z, welche der Bedingung $uxy = uz$ genügt, die ganze Zahl u mag sein, welche sie will, wenn nur die Operationen uz und uxy möglich sind.“

Die Schreibweise a/b, die namentlich bei den Engländern verbreitet ist, ist eine für den Druck bequeme Abänderung der gewöhnlichen Bezeichnung $\frac{a}{b}$, welche von den Hindus stammt.

$/a$ bedeutet „durch a dividieren“ oder „mit dem reciproken. Wert von a multiplizieren“ oder auch, wenn man das Multiplikationszeichen weglässt „der reciproke Wert von a“. Dieses Symbol entspricht dem Symbol $— a$, welches „a wegnehmen“, das Entgegengesetzte von a hinzufügen“, „die negative Zahl $— a$“ bedeutet

Definition von r (der rationalen Zahl):

$$r = + R \cup — R \cup . 0, \text{ oder } r = n/N.$$

Definition der Potenz:

$$a\varepsilon r . m\varepsilon N_0 . \supset . a^m = 1 \, [(\times a) m].$$

„a in der m^{ten} heifst, die Einheit $m$mal mit a multiplizieren.“

Definition der Gleichheit der oberen Grenzen der Klassen rationaler Zahlen:

$$u, v \varepsilon \text{Cls r} . a\varepsilon r . \supset.$$

$1 . \; l'u = l'v . = . u — R = v — R.$

$2 . \; a < l'u . = . a\varepsilon u — R.$

1. Wir sagen, die obere Grenze der Zahlen der Klasse u sei der oberen Grenze der v gleich, wenn jede Zahl, welche kleiner

als irgend ein u ist, auch kleiner als irgend ein v ist und umgekehrt.

2. Wir sagen ferner, die rationale Zahl a sei kleiner, als die obere Grenze der u, wenn sie kleiner als irgend ein u ist.

3. $l'u = \infty . = u - R = r.$

Definition von q (der reellen Zahl):

$$q = x \ni \exists u \ni [u\,\varepsilon\,\mathrm{Cls}'r . \exists u . \exists R - (u - R) . x = l'u].$$

„Eine reelle Zahl ist jede obere Grenze der Klassen der rationalen wirklich existierenden Zahlen, die nicht zur oberen Grenze ∞ haben.“

Setzt man in dieser Definition R an die Stelle von r, so erhält man die Definition von Q (reelle positive Zahl).

Definition der Summe zweier q:

$$a + , b\,\varepsilon\,\mathrm{q} . \supset .$$

$$a, b\,\varepsilon\,\mathrm{q} . \supset .$$

$$a + b = l'z \ni \exists (x, y) \ni [x, y\,\varepsilon\,\mathrm{r} . x < a . y < b .. x + y = z].$$

„Die Summe zweier reellen Zahlen a und b ist die obere Grenze der Summen x und y, worin die rationale Zahl x kleiner als a und die rationale Zahl y kleiner als b ist.“

Koincidenz einer rationalen und einer reellen Zahl:

$$a\,\varepsilon\,\mathrm{r} . \supset . a = l'(\iota a).$$

Anhang III

(zu Nr. 193).

Über die Taylor'sche Formel.

(Aus den Atti della R. Accademia delle Scienze di Torino Bd. 27, 1891).

Die Taylor'sche Formel, welche man als die Grundlage der Infinitesimalrechnung ansehen kann, wurde bis nach *Lagrange* in der Gestalt

$$f(x + h) = f(x) + hf'(x) + \frac{h^2}{2\,!} f''(x) + \text{ etc.}$$

geschrieben, ohne dafs man sich weiter um die genaue Bedeutung dieser Gleichheit kümmerte.

Nachdem man aber in diesem Jahrhundert genau zwischen konvergenten und divergenten Reihen unterschieden hat, wird sie jetzt nur dann für gültig gehalten, wenn die Reihe auf der rechten Seite konvergiert und zur Summe die linke Seite hat. Weil aber diese Reihe sowohl für einige wie auch für alle Werte von h divergieren kann, oder auch konvergieren kann ohne die linke Seite zur Summe zu haben, so folgt daraus, dafs die Formel jeden theoretischen Wert verliert und jedesmal, wenn sie angewendet werden soll, auf ihre Gültigkeit geprüft werden mufs.

Man kann sie aber auch auf andere Weise unabhängig von der Konvergenz der Reihen auslegen und alsdann behält sie ihre Gültigkeit, welche Funktion $f(x)$ auch sein mag, wenn diese letztere nur die Derivierten hat, die man benutzen will. Diese neue Interpretation soll hier besprochen werden. Wir sagen „neu“, weil sie in keinem Buch, so viel wir wenigstens wissen, klar formuliert worden ist; doch kommt sie dem aufserordentlich nahe, was alle Autoren, welche die Reihen ohne Berücksichtigung der Konvergenz untersuchten, darüber geschrieben haben; ja an gewissen Punkten werden wir ihre Sätze einfach nur wiederholen, indem wir ihre Gültigkeit nachweisen.

Es sei $f(x)$ eine reelle Funktion der reellen Variabelen x. Man nehme an, wenn x der Null zustrebe, so nähere sich $f(x)$ einer Grenze a_0. Ist $f(x)$ kontinuierlich, so ist $a_0 = f(0)$. Alsdann wird $f(x) - a_0$ mit x eine unendlich kleine Gröfse; man dividiere sie durch x und gehe zur Grenze über, indem man x sich der Null nähern läfst. Man nehme an, diese Grenze sei bestimmt und nenne sie a_1:

$$\lim \frac{f(x) - a_0}{x} = a_1 .$$

Ebenso wird die Differenz $\frac{f(x) - a_0}{x} - a_1$ mit x unendlich klein; wir wollen sie durch x dividieren und zur Grenze übergehen; es sei

$$\lim \frac{\dfrac{f(x) - a_0}{x} - a_1}{x} = \lim \frac{f(x) - a_0 - a_1 x}{x^2} = a_2$$

und analog

$$\lim \frac{\dfrac{f(x) - a_0}{x} - a_1}{x} - a_2}{x} = \lim \frac{f(x) - a_0 - a_1 x - a_2 x^2}{x^3} = a_3$$

und so weiter.

Auf diese Art leiten wir, wenn die Funktion $f(x)$ gegeben ist, eine Reihenfolge reeller Gröfsen $a_0, a_1, a_2, \ldots$ ab, welche unbegrenzt, wie in den gewöhnlicheren Fällen, fortgesetzt werden kann oder auch zu Ende gehen kann, wenn einer dieser Quotienten keine bestimmte endliche Grenze mehr hat.

Wir wollen übereinkommen, zu schreiben:

$$(1) \qquad f(x) = a_0 + a_1 x + a_2 x^2 + \cdots + a_n x^n + \text{etc.},$$

um zu bezeichnen, dafs

$$(2) \qquad \lim_{x=0} \frac{f(x) - a_0 - a_1 x - a_2 x^2 - \cdots - a_{n-1} x^{n-1}}{x^n} = a_n$$

ist.

Die Bedeutung des Zeichens $=$ in (1) ist daher im allgemeinen nicht die, dafs die Reihe auf der rechten Seite konvergent sei und zur Summe $f(x)$ habe, sondern wird durch die Formel (2) angegeben. Diese Formel kann auch in der Gestalt

$$(3) \qquad \lim_{x=0} \frac{f(x) - a_0 - a_1 x - \cdots - a_{n-1} x^{n-1} - a_n x^n}{x^n} = 0,$$

$$(4) \quad f(x) = a_0 + a_1 x + a_2 x^2 + \cdots + a_n x^n + \alpha x^n, \text{ worin } \lim_{x=0} \alpha = 0$$

ist, geschrieben werden und läfst sich so in Worte fassen: Die Gleichheit (1) giebt an, dafs die Differenz zwischen $f(x)$ und dem Polynom $a_0 + a_1 x + \cdots + a_n x^n$ mit x unendlich klein von einer höheren als der n^{ten} Ordnung wird.

Wenn sich $f(x)$ in eine Reihe nach aufsteigenden Potenzen von x bis dem Glied vom n^{ten} Grade nach der Formel (1) entwickeln läfst, oder, was dasselbe ist, wenn die bestimmten und endlichen Gröfsen $a_0\,a_1\ldots a_n$ existieren, die der Bedingung (2) genügen, alsdann hat man, wie sich leicht ergiebt:

$$\lim f(x) = a_0,$$

$$\lim \frac{f(x)-a_0}{x} = a_1,$$

$$\lim \frac{f(x)-a_0-a_1 x}{x^2} = a_2,$$

$$\cdot\quad\cdot\quad\cdot\quad\cdot\quad\cdot\quad\cdot\quad\cdot\quad\cdot\quad\cdot\quad\cdot\quad\cdot\quad\cdot\quad\cdot$$

$$\lim \frac{f(x)-a_0-a_1 x - \cdots - a_{n-2}\,x^{n-2}}{x^{n-1}} = a_{n-1},$$

d. h.: die Formel (2) hat alle diejenigen Formeln zur Folge, die sich aus ihr ableiten lassen, wenn man statt n irgend eine Zahl setzt, die kleiner als n ist.

Wir wollen nun einige Theoreme über Operationen an diesen Entwicklungen folgen lassen.

Theorem I. Wenn

$$f(x) = a_0 + a_1 x + \cdots + a_n x^n + \text{etc.}$$

und

$$\varphi(x) = b_0 + b_1 x + \cdots + b_n x^n + \text{etc.}$$

ist, so wird

$$f(x) + \varphi(x) = (a_0 + b_0) + (a_1 + b_1) x + \cdots + (a_n + b_n) x^n + \text{etc.}$$

Denn, schreibt man $f(x)$ in der Gestalt

$$a_0 + \cdots + a_n x^n + \alpha x^n$$

und $\varphi(x)$ in der Form

$$b_0 + \cdots + b_n x^n + \beta x^n$$

und summiert, so wird

$$f(x) + \varphi(x) = (a_0 + b_0) + \cdots + (a_n + b_n) x^n + \gamma x^n,$$

worin γ für $\alpha + \beta$ gesetzt wurde, und da α und β mit x unendlich klein werden, so wird auch γ mit x unendlich klein; d. h. also die Formel besteht, wie zu beweisen war.

Theorem II. Unter derselben Voraussetzung ist:

$$f(x) \times \varphi(x) = a_0 b_0 + (a_0 b_1 + a_1 b_0) x + \cdots +$$
$$(a_0 b_n + a_1 b_{n-1} + \cdots + a_n b_0) x^n + \text{etc.}$$

Der Beweis ist analog.

Theorem III. Wenn

$$f(x) = a_0 + a_1 x + \cdots + a_n x^n + \text{etc.}$$

und

$$\psi(x) = c_0 + c_1 x + \cdots + c_n x^n + \text{etc.}$$

ist und man unter der Voraussetzung, daſs a_0 nicht Null sei, die Werte von $b_0 b_1 \ldots b_n$ aus den Gleichungen

$$a_0 b_0 = c_0, \quad a_0 b_1 + a_1 b_0 = c_1, \quad \cdots, \quad a_0 b_n + a_1 b_{n-1} + \cdots + a_n b_0 = c_n$$

berechnet, so ist:

$$\frac{\psi(x)}{f(x)} = b_0 + b_1 x + b_2 x^2 + \cdots + b_n x^n + \text{etc.}$$

Wenn sich der Ausdruck $f(x + h)$ nach Potenzen von h in dem definierten Sinn entwickeln läſst und man

$$f(x + h) = a_0 + a_1 h + a_2 h^2 + \text{etc.}$$

erhält, so ist $a_0 = \lim_{h=0} f(x + h)$, mithin, wenn $f(x)$ für den betrachteten Wert von x kontinuierlich ist, $a_0 = f(x)$.

Unter derselben Voraussetzung ist $a_1 = \lim \dfrac{f(x + h) - f(x)}{h}$; mithin hat $f(x)$ für den betrachteten Wert eine Derivierte und diese ist a_1.

Theorem IV. Wenn sich die Derivierte $f'(x + h)$ nach Potenzen von h bis zu dem Glied vom n^{ten} Grad entwickeln läſst, d. h. wenn

$$f'(x + h) = f'(x) + a_1 h + a_2 h^2 + \cdots + a_n h^n + \text{etc.}$$

ist, so wird

$$f(x + h) = f(x) + h f'(x) + a_1 \frac{h^2}{2} + a_2 \frac{h^3}{3} + \cdots + a_n \frac{h^{n+1}}{n+1} + \text{etc.}$$

Denn, vervollständigt man das Polynom auf der rechten Seite durch Hinzufügen von αh^n und integriert in Bezug auf h, so erhält man

$$f(x + h) - f(x) = h f'(x) + \cdots + a_n \frac{h^{n+1}}{n+1} + \int_0^h \alpha h^n \, dh.$$

Das letzte Glied läſst sich nun $\beta \displaystyle\int_0^h h^n \, dh = \beta \dfrac{h^{n+1}}{n+1}$ schreiben, worin β einer der Werte von α in dem Intervall von 0 bis h ist. Weil aber α unendlich klein ist, so muſs dies auch β sein.

Theorem V. Wenn $f(x)$ für den betrachteten Wert von x die successiven Derivierten bis zur n^{ten} hat, so ist:

$$f(x + h) = f(x) + hf'(x) + \cdots + \frac{h^n}{n!} f^{(n)}(x) + \text{etc.}$$

Denn, nach der Voraussetzung ist

$$\lim \frac{f^{(n-1)}(x + h) - f^{(n-1)}(x)}{h} = f^{(n)}(x)$$

oder

$$f^{(n-1)}(x + h) = f^{(n-1)}(x) + hf^{(n)}(x) + \text{etc.}$$

Integriert man nun in Bezug auf h, d. h. wendet man den vorhergehenden Satz an, so erhält man

$$f^{(n-2)}(x + h) = f^{(n-2)}(x) + hf^{(n-1)}(x) + \frac{h^2}{2} f^{(n)}(x) + \text{etc.}$$

Fährt man so fort und integriert noch $n - 2$ mal, so ergiebt sich die gesuchte Formel.

Dieses Theorem haben wir schon früher in der *Mathesis*, Bd. IX, S. 110 mitgeteilt.

Auf solche Art sind jene Formeln zu interpretieren und jene Sätze zu beweisen, die in den früheren Jahrhunderten unter den Mathematikern durchaus gebräuchlich waren.

Man beachte jedoch, daſs aus der Thatsache allein, daſs die Funktion $f(x + h)$ sich nach Potenzen von h entwickeln läſst:

$$f(x + h) = a_0 + a_1 h + a_2 h^2 + \cdots + a_n h^n + \text{etc.},$$

noch nicht ihre Kontinuität folgt. So kann, wie schon bemerkt wurde, $f(x)$ für den betrachteten Wert von x diskontinuierlich sein, wenn bei der Annäherung von h an Null $f(x + h)$ einem von $f(x)$ verschiedenen Grenzwert zustrebt. Setzt man die Kontinuität von $f(x)$ für den betrachteten Wert von x voraus, so wird damit noch nicht ihre Kontinuität in der Umgebung von x vorausgesetzt. Bezeichnen wir z. B. mit $\mathsf{E}(z)$ die gröſste in z enthaltene ganze Zahl und setzen $\Theta(z) = z - \mathsf{E}(z)$, so ist die Funktion

$$f(x) = x^{n+1} \Theta\left(\frac{1}{x}\right),$$

der wir den Wert 0 für $x = 0$ beilegen wollen, für $x = 0$ kontinuierlich, läſst sich nach Potenzen von x bis zu dem Glied vom n^{ten} Grade entwickeln, wobei alle Koefficienten Null sind, und doch ist sie in jeder Umgebung des Wertes 0 diskontinuierlich. Die Funktion $e^{-\frac{1}{x^2}} \Theta\left(\frac{1}{x}\right)$, der man für $x = 0$ den Wert 0 geben möge, ist unbegrenzt entwickelbar und alle Koefficienten sind Null und doch ist sie in jeder Umgebung von 0 diskontinuierlich.

Wenn sich $f(x + h)$ nach Potenzen von h entwickeln läfst und für den betrachteten Wert von x kontinuierlich ist, d. h. wenn

$$f(x + h) = f(x) + a_1 h + a_2 h^2 + \text{etc.}$$

ist, so folgt daraus, wie schon gesagt wurde, dafs $a_1 = f'(x)$ ist; die von *Lagrange* gegebene Definition, dafs $f'(x)$ der Koefficient von h in der Entwicklung der $f(x + h)$ nach Potenzen von h sei, deckt sich daher mit der Wirklichkeit. Nicht aber folgt daraus, dafs auch $f'(x + h)$ sich in eine Reihe entwickeln lasse und man $f'(x + h) = f'(x) + 2 a_2 h + \text{etc.}$ erhalte. Man braucht nur die beiden vorstehenden Beispiele zu betrachten, in denen $f(x)$ sich in Reihen entwickeln läfst, aber in der Umgebung von 0, in der sie diskontinuierlich ist, keine Derivierte hat. Aus der Thatsache daher, dafs

$$f(x + h) = f(x) + h f'(x) + a_2 h^2 + \text{etc.}$$

ist, folgt nicht notwendiger Weise, dafs a_2 gleich $\dfrac{f''(x)}{2}$ sei, denn der Funktion kann in den Umgebungen des betrachteten Wertes von x die erste Derivierte fehlen, sie braucht daher für diesen Wert von x keine zweite Derivierte zu haben.

Die Theoreme I, II und III, welche die Koefficienten der Entwicklung der Summe, des Produktes und Quotienten zweier Funktionen mittelst der Koefficienten dieser Funktionen liefern, wenn man die Existenz der Derivierten voraussetzt, setzen uns in den Stand, auf eine etwas einfachere Art, als die gewöhnliche, die successiven Derivierten eines Produktes und eines Quotienten zu ermitteln. Diese Regeln sind auch etwas allgemeiner als die Differentiationsregeln, da sie auch dann noch ihre Gültigkeit behalten können, wenn die Derivierten fehlen.

Sind die Unendlichkleinen, welche in der Entwicklung von

$$f(x) = a_0 + a_1 x + a_2 x^2 + \cdots$$

auftreten, variabel oder konstant? Die Antwort auf diese Frage hängt von dem Standpunkt ab, von welchem man sie betrachtet.

Man kann *die Gröfse* $a_n x^n$ betrachten, d. h. *den Wert*, welchen die Funktion $a_n x^n$ annimmt, wenn man dem x einen beliebigen Wert beilegt; dieser Wert ist eine variabele Zahl und wird mit x unendlich klein; auf diese Art erhält man ein variabeles Unendlichkleines.

Oder man betrachte die mit $a_n x^n$ bezeichnete *Funktion*, d. h. die Operation, mittelst welcher man jeder Zahl ihre mit a_n multiplizierte Potenz x^n entsprechen läfst; *diese Funktion oder Operation oder Korrespondenz* ist ein konstantes Ding, wenn der Exponent n und der Koefficient a_n gegeben ist. Sind nun mehrere Funktionen $f(x)$, $g(x)$ gegeben und in einem Intervall von 0 an bis zu einer positiven Zahl definiert, so wollen wir übereinkommen, die erste in der Umgebung von 0 größer als die zweite zu nennen und $f > g$ zu schreiben, wenn man ein Intervall von 0 bis zu einer positiven Zahl derart bestimmen kann, daß für jeden Wert von x innerhalb desselben $f(x) > g(x)$ ist. Wir wollen ferner, wie es gebräuchlich ist, die Funktion $mf(x)$ das Vielfache der $f(x)$ in Bezug auf die (reelle) Zahl m nennen. Setzt man nun $f_r(x) = x^r$, so folgt, daß $f_r(x)$ in der Umgebung von 0 größer als jedes Vielfache von $f_{r+1}(x)$ ist; oder, welchen Wert m auch haben mag, jedenfalls ist $f_r > mf_{r+1}$; oder f_{r+1} ist ein konstantes in Bezug auf f_r unendlich kleines Ding, während $f_{r+1}(x)$ ein variabeles in Bezug auf $f_r(x)$ unendlich kleines Ding ist.

Anhang IV

(zu Nr. 193).

Über die Definition des Integrals.

(Auszug aus den Annali di Matematica pura e applicata.)

Prof. *G. Ascoli* hat in einer Abhandlung, die denselben Titel führt (Annali di Matematica, 1895, S. 67), diese wichtige Frage zur Sprache gebracht.

Er nimmt mit Recht die Priorität für seine oberen und unteren Integrale, welche man in seiner Abhandlung *Sul concetto di integrale definito* (Atti dell' Acc. dei Lincei, 1875, S. 863) findet, in Anspruch. Der Genauigkeit wegen möchten wir jedoch bemerken, daſs gleichzeitig *Darboux* in seiner Abhandlung *Sur les fonctions discontinues* (Annales de l'École Normale Supérieure, 1875, S. 57) dieselben Dinge betrachtet und ähnliche Theoreme beweist. Wenn man statt des Datums der Zeitschrift das Datum der Abhandlung berücksichtigen wollte, so würde die Arbeit *Darboux*'s (vom 19. März 1873 und 28. Januar 1874) derjenigen *Ascoli*'s (vom 6. Juni 1875) sogar vorangehen.

Wir möchten hier die Aufmerksamkeit des Lesers auf einige Untersuchungen lenken, die wir über diesen Gegenstand angestellt haben, und welche, wie wir glauben, die Sache vereinfachen, und auch von Anderen, soviel wir wissen, noch nicht gebracht worden sind.

Der Gedanke, den wir auch in anderen Arbeiten zum Ausdruck brachten, besteht in der Substitution der oberen (oder unteren) Grenze einer Zahlengruppe an die Stelle der Grenze, gegen welche eine Funktion konvergiert. Es wird wohl schwer sein, festzustellen, wer zuerst diese beiden ähnlichen Begriffe unterschieden hat, welche auch heute noch von solchen verwechselt werden, die keine präzise Sprache benutzen. Man pflegt die Unterscheidung *Weierstrass* (siehe Pincherle, Giornale di Matematiche, 1880, S. 242) zuzuschreiben; man findet diese oberen und unteren Grenzen in den zitierten Arbeiten von *Darboux* und *Ascoli* und kann sagen, daſs sie in das allgemeine Besitztum übergegangen sind.

Die Definition in dem „Formulario di Matematica", Teil V, § 3, prop. 1 lautet:

$$1)\ u\varepsilon \mathrm{K}q\ .\ u\sim\ =\ \Lambda\ .\ x\varepsilon \mathrm{q}\ .\ \supset \therefore$$

$$x = \mathrm{l}'u\ .\ =\ :\ u\frown(x + \mathrm{Q}) = \Lambda : y\varepsilon x - \mathrm{Q}\ .\ \supset\ .\ yu\frown(y + \mathrm{Q})\sim\ =\ \Lambda;$$

in Worten: „Wenn u eine Klasse reeller Zahlen und nicht eine Klasse Null ist (da in der mathematischen Logik auch Klassen Null vorkommen), und wenn x eine endliche Zahl ist, alsdann bedeutet der Satz „x ist die obere Grenze der u" so viel als

1) „Es giebt keine Zahlen des Systems u, die gröfser als x sind."

2) „Wenn eine Zahl y, die kleiner als x ist, beliebig gegeben wird, so giebt es Zahlen des Systems u, die gröfser als y sind."

Führt man nun die obere unendlich grofse Grenze ein, deren Definition (Formulario, Teil V, § 3, prop. 5) wir hier nicht wiederholen wollen, so erhält man die Grundeigenschaft (ebenda, prop. 6):

$$2)\ \mathrm{Hyp.}\ 1\ .\ \supset\ .\ \mathrm{l}'u\varepsilon \mathrm{q}\cup\iota\infty.$$

„Jede Klasse u hat immer eine obere Grenze, die endlich oder unendlich grofs ist."

Es wird nicht überflüssig sein, wenn wir bemerken, dafs der Beweis dieses Theorems lediglich eine Umgestaltung der Definition der irrationalen Zahlen ist.

Komplizierter erscheint die Definition der Grenze, welcher eine Funktion zustrebt. Diese Funktion kann von einer oder mehreren unabhängigen Variabelen abhängen; es kann auch vorkommen, dafs die Anzahl der unabhängigen Variabelen variabel ist, wie es gerade bei den Sätzen, die uns hier beschäftigen, der Fall ist. Wenn wir uns auf eine unabhängige Variabele beschränken und voraussetzen, sie strebe dem Unendlichgrofsen zu — auf diesen Fall läfst sich immer reduzieren —, so wird der gewöhnliche Begriff der Grenze einer Funktion durch den folgenden Satz ausgedrückt (Formulario, Teil VII, § 2, prop. 1):

$$3)\ u\varepsilon \mathrm{K}\mathrm{q}\ .\ \mathrm{l}'u = \infty\ .\ f\varepsilon \mathrm{q}fu\ .\ y\varepsilon \mathrm{q}\ .\ \supset\ ::$$

$$y = \lim_{x,u,\infty} fx\ .\ =\ \therefore\ .\ h\varepsilon \mathrm{Q}\ .\ \supset_h : a\varepsilon \mathrm{q}\ .\ f[u\frown(a + \mathrm{Q})]\supset(y - h)\dashv(y + h).$$

$$\sim\ =_a \Lambda.$$

„Es sei u eine Klasse von Zahlen, deren obere Grenze das Unendlichgrofse ist. f sei das Zeichen einer reellen durch die Zahlen der Gruppe u definierten Funktion und y sei eine endliche Zahl. Alsdann bedeutet der Satz, y sei die Grenze, welcher die Funktion $f(x)$ zustrebt, wofern x in der Klasse u variiert und sich dabei dem Unendlichgrofsen nähert, soviel als: Wie man auch die positive Gröfse h nehmen mag, man kann immer eine Zahl a derart bestimmen, dafs die Werte, welche die Funktion $f(x)$ annimmt, wofern die Variabele in der Klasse u nur solche Werte erhält, die größer als a sind, sämtlich dem Intervall von $y - h$ bis $y + h$ angehören."[1])

Man sieht, die Definition 3 ist komplizierter als die erste. Betrachtet man die verwendeten Symbole, so ergiebt sich, daß bei der ersten nur der Begriff der Klasse (in Zeichen K) vorkommt, während die dritte auch noch den Begriff der Funktion oder Korrespondenz enthält (in Symbolen f).

Es existiert ferner kein Satz, der dem zweiten analog wäre; während jede Klasse eine obere Grenze hat, konvergiert jede Funktion nicht gegen einen Grenzwert. Man könnte allerdings eine gewisse Analogie herstellen, wenn man den Begriff der Grenze einer Funktion so modifizierte, wie wir es in der *Rivista di Matematica*, 1892 und in dem *American Journal of Mathematics*, 1895 gethan haben, und auf diese Art auf die Begriffe von *Cauchy* und *Abel* zurückginge, nach welcher jede Funktion Grenzwerte hat. Doch wollen wir uns dabei nicht länger aufhalten.

Wer freilich die oberen Grenzen von Gruppen von Punkten und ähnliche Begriffe mit Hülfe der Grenzen, welchen die Funktionen zustreben, definiert, der drückt einen einfachen Gedanken durch kompliziertere aus und setzt sich auch noch anderen Unzuträglichkeiten aus. Es wird von Nutzen sein, eine solche Definition dem klassischen Werk *Jordan*'s, Cours d'Analyse, 2. Aufl., 1892, S. 19 des 1. Bandes zu entnehmen. Er sagt:

„On nomme point limite d'un ensemble tout point qui est la limite d'une suite de points de l'ensemble."

Bezeichnet man die Gruppe mit u, so läßt sich diese Definition in Symbolen auf die folgende Art ausdrücken:

$$(z\varepsilon \text{ Grenzpunkt von } u) = (f\varepsilon u\,\mathrm{f}\mathrm{N} . z = \lim fx . \sim =_f \Lambda).$$

Da man nun eine Folge von gleichen Zahlen betrachten kann oder auch eine Funktion sich auf eine Konstante reduzieren kann, so folgt daraus, daß jeder Punkt der Gruppe ein Grenzpunkt von ihr ist, weil er als die Grenze einer Folge mit ihm zusammenfallender Punkte angesehen werden kann. Folglich ist die Gesamtheit der Grenzpunkte von u nicht die (in dem *Formular* mit Du bezeichnete) derivierte Klasse von u, sondern die abgeschlossen gemachte Klasse u (in dem Formular Cu).[2]) Die Definitionen der Klassen Du und Cu werden in dem Formular, Teil V, § 5, prop. 1 und § 7, prop. 1 gegeben.

---

1) Das Intervall von p bis q wird mit dem Symbol $p \dashv q$ bezeichnet.

2) Das italienische Wort *chiuso* entspricht dem *fermé, abgeschlossen*, G. Cantor's und dem *parfait* Jordan's; das *perfect* Cantor's hat eine andere Bedeutung.

Nachdem wir gesehen haben, daſs der Begriff der oberen (oder unteren) Grenze einer Klasse an sich einfacher als derjenige der Grenze ist, welcher eine Funktion zustrebt, wollen wir jetzt untersuchen, welche Vereinfachungen die Substitution des ersten Begriffs an Stelle des zweiten bei gewissen Fragen der Analysis herbeiführt.

Man definiert gewöhnlich die Länge eines Kurvenbogens als die Grenze, welcher die Länge eines eingeschriebenen Polygons zustrebt, wenn seine Seiten unbegrenzt abnehmen. Diese Definition setzt den Beweis voraus, daſs unter gewissen Bedingungen eine solche Grenze existiert, und der Beweis ist lang. Auch noch eine andere Schwierigkeit findet sich in dem Buche Jordan's, die wir zeigen wollen. Die Länge des dem Bogen eingeschriebenen Polygons ist abhängig von der Art, wie der Bogen zerlegt wird, d. h. eine Funktion der Werte $t_1, t_2, \ldots, t_n$, die man der unabhängigen Variabelen zulegt, und diese Variabelen $t_1, \ldots, t_n$ variieren auch der Anzahl nach, die unbegrenzt wächst. Nun definiert der Verfasser auf S. 8 nur die Grenze „d'une suite illimitée de valeurs $x_1, \ldots, x_n, \ldots$", d. h. einer qfN; mit anderen Worten x_n ist eine Gröſse, die von der ganzen positiven Zahl n abhängt; nicht definiert wird aber die Grenze einer Gröſse, welche von der Art abhängt, wie ein Intervall zerlegt wird. Diese Lücke läſst sich jedoch ausfüllen, wenn man die richtige Definition benutzt[1]).

Alle diese Schwierigkeiten lassen sich vermeiden, wenn man die folgende Definition zu Grunde legt (siehe unsere Applicazioni geometriche del Calcolo, 1887, S. 162):

„Länge eines Bogens heiſst die obere Grenze der Längen der ihm eingeschriebenen Polygone."

Daraus folgt, daſs jeder Bogen nach Theorem 2 eine endliche oder unendlich groſse Länge hat, ohne daſs man weitere Beweise nötig hätte. Man beachte die Leichtigkeit, mit welcher man die Formeln für die Bogen erhält, und die Analogie oder vielmehr das Zusammenfallen dieser Definition mit dem Postulat 2 des Archimedes (von dem Kreis und dem Cylinder).

Wir gehen schlieſslich zur Definition des Integrals über. Es sei fx eine in dem ganzen Intervall von a bis b definierte Funktion, die eine endliche obere und untere Grenze hat, d. h.:

$$a, b\,\varepsilon\,\mathrm{q} \,.\, a < b \,.\, f\,\varepsilon\,\mathrm{q}\,\mathrm{f}\,a \mathbin{\vdash} b \,.\, \mathrm{l}'f(a \mathbin{\vdash} b), \mathrm{l}_1 f(a \mathbin{\vdash} b)\,\varepsilon\,\mathrm{q}.$$

---

1) D'Arcais, Calcolo infinitesimale, Bd. II, S. 3, 1894.

Genocchi-Peano, Diff.- u. Integral-Rechnung.　　24

Man betrachte die Summen

$$S' = \sum_{r=0}^{r=n} (x_{r+1} - x_r^r)\, \mathrm{l}' f(x_r \rightharpoondown x_{r+1}),$$

$$S_1 = \sum (x_{r+1} - x_r)\, \mathrm{l}_1 f(x_r \rightharpoondown x_{r+1}),$$

in welchen $x_0 = a$, x_1, x_2, ... x_{n-1}, $x_n = b$ die Teilpunkte des gegebenen Intervalls sind; S' ist die Summe der Produkte der Ausdehnung der Teilintervalle mit den oberen Grenzen der Werte der Funktion in ihnen. In der Summe S_1 dagegen treten statt der oberen die unteren Grenzen auf.

Darboux und *Ascoli* beweisen beide, daſs sowohl S' wie S_1 bei der Annäherung der Teilintervalle an Null einer bestimmten Grenze zustreben, und daſs die gegebene Funktion, wenn die Grenze, welcher S' zustrebt, mit der Grenze von S_1 zusammenfällt, integrierbar ist.

Wir halten es für einfacher, diesem Theorem die Gestalt zu geben:

„Wenn die untere Grenze der Werte von S' der oberen Grenze der Werte von S_1 gleich kommt, so ist die Funktion integrierbar."

In der Abhandlung „*Sull' integrabilità delle funzioni* (Atti della R. Accademia di Torino, 1883) haben wir einen direkten Beweis dieses Satzes gegeben. In dem Vorstehenden wurde eine Funktion integrierbar im Sinne *Riemann's* genannt (Werke, S. 226). Man könnte aber, wie uns scheint, eine noch gröſsere Vereinfachung erzielen, wenn man auch die Definition des Integrals modificierte; in den *Lezioni di Analisi infinitesimale* geben wir die folgenden Definitionen:

„*Das obere Integral* $\cdot \left(\int_a^{\overline{b}} f(x)\, dx \right)$ nennen wir die untere Grenze

der Werte von S', *das untere Integral* $\left(\int_{\underline{a}}^{b} f(x)\, dx \right)$ die obere Grenze

der Werte von S_1. Wenn das obere Integral mit dem unteren zusammenfällt, so heiſst die Funktion integrierbar und ihr gemein-

schaftlicher Wert ist $\int_a^b f(x)\, dx$."

Auf diese Weise ist der Wert, dem eine Funktion zustrebt, in der Definition des Integrals durch die oberen und unteren Grenzen der Klassen vollkommen festgestellt.

———

Anhang V.

Die komplexen Zahlen.

(Aus Peano, *Lezioni di Analisi infinitesimale*, 1893 Kap. 6.)

§ 1. Der Komplex von n reellen Zahlen x_1, x_2, $\ldots$, x_n heifst *komplexe Zahl von der n^{ten} Ordnung*, zur Abkürzung q_n. Eine komplexe Zahl wird auch mit einem einzigen Buchstaben bezeichnet; um anzugeben, dafs x der Komplex der Zahlen

$$x_1, x_2, \ldots, x_n$$

ist, schreiben wir

$$x = (x_1, x_2, \ldots, x_n).$$

Die Zahlen x_1, x_2, $\ldots$, x_n heifsen die *Elemente* oder *Koordinaten* des Komplexes x.

Zwei Komplexe $x = (x_1, x_2, \ldots, x_n)$ und $y = (y_1, y_2, \ldots, y_n)$ heifsen *gleich*, wenn ihre Elemente bezüglich gleich sind:

$$(1) \qquad x = y \, . = . \, x_1 = y_1 \, . \, x_2 = y_2 \ldots x_n = y_n.$$

Die *Summe* zweier Komplexe ist der Komplex, der zu Elementen die Summen der Elemente der gegebenen Komplexe hat:

$$(2) \quad (x_1, x_2, \ldots, x_n) + (y_1, y_2, \ldots, y_n) = (x_1 + y_1, x_2 + y_2, \ldots, x_n + y_n).$$

Analog wird die *Differenz* definiert:

$$(3) \quad (x_1, x_2, \ldots, x_n) - (y_1, y_2, \ldots, y_n) = (x_1 - y_1, x_2 - y_2, \ldots, x_n - y_n).$$

Unter dem Produkt einer reellen Zahl a und eines Komplexes x versteht man den Komplex, dessen Elemente die mit a multiplizierten Elemente von x sind:

$$(4) \qquad a\,(x_1, x_2, \ldots, x_n) = (a x_1, a x_2, \ldots, a x_n).$$

Unter den Komplexen kommt auch derjenige in Betracht, dessen sämtliche Elemente Null sind, und der mit 0 bezeichnet wird:

$$(5) \qquad 0 = (0, 0, \ldots, 0).$$

24*

Setzt man

$$i_1 = (1, 0, 0, \ldots, 0), \; i_2 = (0, 1, 0, \ldots, 0), \ldots,$$
$$i_n = (0, 0, \ldots, 0, 1),$$

so läßt sich ein beliebiger Komplex durch seine Koordinaten ausdrücken:

$$(6) \qquad (x_1, x_2, \ldots, x_n) = x_1 i_1 + x_2 i_2 + \cdots + x_n i_n.$$

§ 2. Die vorstehenden Vereinbarungen sind durchaus einfach und natürlich; die Operationen mit den q_n besitzen die Eigenschaften der analogen Operationen mit den q. So bestehen z. B. die Beziehungen:

$$x, y, z \,\varepsilon\, \mathsf{q}_n \,.\, a, b \,\varepsilon\, \mathsf{q} \,.\, \complement :$$
$$x + y \,\varepsilon\, \mathsf{q}_n$$
$$x + y = y + x$$
$$(x + y) + z = x + (y + z) = x + y + z$$
$$x - x = 0$$
$$a x \,\varepsilon\, \mathsf{q}_n$$
$$a(x + y) = ax + ay$$
$$(a + b)x = ax + bx$$
$$a(bx) = (ab)x.$$

Wir sind nun zunächst vor die Frage gestellt, wie das Produkt zweier oder mehrerer komplexer Zahlen zu definieren sei; die Frage ist schwer zu beantworten, wir wollen uns nicht mit ihr beschäftigen und nur bemerken, daß die einzelnen Autoren, von verschiedenen Gesichtspunkten ausgehend, auch zu verschiedenen Multiplikationsarten gekommen sind. Diese haben alle die Distributionseigenschaft in Bezug auf die Addition gemeinschaftlich, die durch die Formeln

$$(x + y)z = xz + yz$$
$$x(y + z) = xy + xz$$

ausgedrückt wird.

Wenn daher die Komplexe durch die Koordinaten

$$x = x_1 i_1 + x_2 i_2 + \cdots + x_n i_n,$$
$$y = y_1 i_1 + y_2 i_2 + \cdots + y_n i_n$$

ausgedrückt werden, so erhält man bei der Ausführung der Multiplikation verschiedene Glieder von der Form $x_r y_s i_r i_s$; die Frage reduciert sich daher darauf, wie man die Produkte $i_r i_s$ zu definieren habe, und in dieser Definition weichen die Autoren von einander ab. So kann man z. B. das Produkt von n komplexen Zahlen von der n^{ten} Ordnung die Determinante nennen, welche aus den Elementen dieser Komplexe gebildet wird; die Distributionseigenschaft

$$(x + y)\,zt \ldots u = xzt \ldots u + yzt \ldots u$$

drückt eine bekannte Eigenschaft der Determinanten aus.

§ 3. Unter dem *Modul* einer komplexen Zahl x oder abgekürzt mod x oder mx versteht man die Quadratwurzel aus der Summe der Quadrate der Elemente von x:

$$(1) \qquad \operatorname{mod}(x_1, x_2, \ldots, x_n) = \sqrt{x_1^2 + x_2^2 + \cdots + x_n^2}.$$

Der Modul ist eine positive Zahl und verschwindet nur, wenn die komplexe Zahl Null wird.

Der Modul der Summe ist nicht größer, als die Summe der Moduli:

$$(2) \qquad x, y\,\varepsilon\,\mathfrak{q}_n \,.\, \mathbb{O} \,.\, \mathrm{m}\,(x + y) \leqq \mathrm{m}x + \mathrm{m}y.$$

Denn es ist, wie man aus der Algebra weiß,

$$(x_1^2 + x_2^2 + \cdots + x_n^2)(y_1^2 + y_2^2 + \cdots + y_n^2)$$
$$\geqq (x_1 y_1 + x_2 y_2 + \cdots + x_n y_n)^2;$$

zieht man nun die Quadratwurzeln aus, so erhält man

$$\operatorname{mod} x \operatorname{mod} y \geqq x_1 y_1 + x_2 y_2 + \cdots + x_n y_n$$

und, wenn man mit 2 multipliziert und den Ausdruck

$$(\mathrm{m}x)^2 + (\mathrm{m}y)^2 = (x_1^2 + x_2^2 + \cdots + x_n^2) + (y_1^2 + y_2^2 + \cdots + y_n^2)$$

addiert:

$$(\mathrm{m}x + \mathrm{m}y)^2 \geqq (x_1 + y_1)^2 + (x_2 + y_2)^2 + \cdots + (x_n + y_n)^2.$$

Nimmt man schließlich auf beiden Seiten die Quadratwurzel, so erhält man die Formel, die zu beweisen war.

Offenbar gilt auch

$$a\,\varepsilon\,\mathfrak{q} \,.\, x\,\varepsilon\,\mathfrak{q}_n \,.\, \mathbb{O} \,.\, \operatorname{mod}(ax) = (\operatorname{mod} a)(\operatorname{mod} x).$$

§ 4. Eine komplexe Zahl von der n^{ten} Ordnung dient zur Bestimmung eines Dinges, das von n Koordinaten abhängt. So wird z. B. die Lage eines Punktes im Raum von einem System von drei Koordinaten oder einem $\mathfrak{q}_3$ bestimmt. Nimmt man rechtwinklige Axen, so stellt der Komplex $(0, 0, 0)$ den Koordinatenanfang dar; der Modul des Komplexes (x, y, z), d. h. $\sqrt{x^2 + y^2 + z^2}$ ist der Abstand des Koordinatenanfangs von dem Punkt, dessen Koordinaten (x, y, z) sind. Der Abstand zweier durch die Komplexe $a = (x, y, z)$ und $a' = (x', y', z')$ dargestellten Punkte ist mod $(a - a')$.

Man beachte, daſs ein Punkt nicht etwa ein Komplex dritter Ordnung, d. h. ein q_3 ist; zwischen den Punkten und diesen Komplexen kann man nur eine gegenseitige eindeutige Korrespondenz herstellen. Doch läſst sich, der Neigung der gewöhnlichen Sprache zu bildlichen Ausdrücken entsprechend, die Vereinbarung treffen, mit demselben Wort *Punkt* das eine wie das andere Ding zu bezeichnen; ja man kann auch *Punkt einer Mannigfaltigkeit von' n Dimensionen* nennen, was wir eben unter einem Komplex der n^{ten} Ordnung verstanden haben, und der Gröſse $\mathrm{mod}\,(a - a')$ den Namen „Abstand der beiden Punkte a und a'" geben. Wir werden, wenn es uns paſst, uns dieser Ausdrücke in der gewöhnlichen Sprache bedienen, niemals aber in den Formeln.

Sind zwei Punkte A und B im Raum gegeben, so hängt der Punkt, welcher durch die Summe der A und B vorstellenden Komplexe dargestellt wird, nicht nur von der Lage dieser Punkte, sondern auch vom Anfangspunkt der Axen ab.

Es giebt aber auch noch andere Systeme von Dingen, die sich durch komplexe Zahlen darstellen lassen und für welche sich die Operation des Summierens direkt definiren läſst. Solche Systeme sind z. B. die *Vektoren*.

Systeme von Komplexen.

§ 5. Wir wollen jetzt zur Betrachtung der Systeme oder Klassen von Komplexen (Kq_n) übergehen. Stellt man die Komplexe durch Punkte dar, so bildet eine Klasse von Punkten einen geometrischen Ort oder eine Figur; ihre Gestalt ist durchaus beliebig; die Punkte können in endlicher oder unendlich groſser Anzahl vorhanden sein und Linien, Flächen, Körper etc. hervorbringen. So bilden die Eckpunkte eines Polyeders, die Punkte in den Kanten des Polyeders, die in den Seitenflächen und die Punkte im Innern des Polyeders ebensoviele Klassen von Punkten.

Ist x ein q_n und nicht Null, so ist $\mathrm{mod}\,x$ oder $\mathrm{m}x$ ein Q. Es sei nun $\mathrm{m}x = a$; diese Gleichung läſst sich auch lesen $x\,\varepsilon\,\overline{\mathrm{m}}\,a$, d. h. „$x$ ist ein Komplex vom Modul a". Wenn mithin a ein Q ist, so stellt $\overline{\mathrm{m}}\,a$ die Klasse der Komplexe vom Modul a dar oder die Oberfläche einer Kugel vom Radius a, deren Centrum im Koordinatenanfang liegt.

Wir wollen der Kürze wegen mit Θ das Intervall $0 \rightarrowtail 1$ mit Einschluſs der Enden bezeichnen:

$$\Theta = 0 \rightarrowtail 1.$$

Wenn dann $a\,\varepsilon\,Q$, so stellt Θa das Intervall $0 \rightarrowtail a$ dar und $\overline{\mathrm{m}}\,\Theta a$ die Gesamtheit der Komplexe, deren Modul nicht gröſser als a ist. Wenn $x\,\varepsilon\,q_n$ und $a\,\varepsilon\,Q$, so stellt $x + \overline{\mathrm{m}}\,\Theta a$ die Komplexe dar, die man erhält, wenn zu x ein Komplex von einem Modul hinzugefügt wird, der kleiner als a oder gleich a ist, oder die Gesamtheit der Komplexe, die von x sich um einen Modul unterscheiden, der nicht größer als a ist, oder, wie wir in der Regel sagen werden, *die Kugel vom Centrum x und dem Radius a*. Eine Kugel mit dem Centrum x heißt auch *eine Umgebung von x*.

§ 6. Ist u eine Kq_n, so sagen wir, sie sei *begrenzt*, wenn der Modul der Zahlen des Systems u keine beliebig großen Werte annimmt; d. h. wenn $1'mu\varepsilon Q$. Jede begrenzte Klasse u ist in der Kugel vom Radius $1'mu$, deren Centrum im Koordinatenanfang liegt, eingeschlossen.

Begrenzte Klassen sind alle diejenigen, welche von einer endlichen Anzahl von Punkten gebildet werden. Der Kreisumfang, die Ellipse, der Kreis, die Oberfläche der Kugel, die Kugel etc. sind ebenfalls begrenzte Klassen von Punkten. Die Gerade, die Ebene, der ebene Winkel, der körperliche Winkel, die Spirale des Archimedes etc. sind unbegrenzte Klassen.

Es sei u eine Kq_n und x ein q_n. Der Ausdruck $u - x$ stellt die q_n dar, die man durch Subtraktion des x von jedem u erhält. Die untere Grenze der Moduln von $u - x$, d. h. $1_1 m(u - x)$, heißt manchmal *der Abstand* des x von der Klasse u. Die Komplexe x, für welche dieser Abstand Null ist, bilden eine Klasse, die wir Cu nennen wollen.

Wenn man also sagt, x sei ein Punkt von Cu, so bedeutet dies, die untere Grenze der Abstände des x von den verschiedenen Punkten von u sei Null:

$$(1) \qquad x\varepsilon Cu . = . 1_1 m(u - x) = 0.$$

Zahlen der Klasse Cu sind alle Individuen der Klasse u, weil für sie der kleinste Modul der Differenz $u - x$ Null ist:

$$(2) \qquad u \supset Cu.$$

Ferner gehören zur Klasse Cu diejenigen Punkte, welche zwar nicht Punkte von u, aber so beschaffen sind, daß in jeder ihrer Umgebungen Punkte von u in notwendigerweise unendlich großer Anzahl existieren.

Wenn die Klasse u eine endliche Anzahl von Punkten enthält, so fällt Cu mit u zusammen.

Ist die Klasse u ein Intervall $a \vdash b$ mit Ausschluß der Enden, so ist Cu das Intervall $a \vdash b$ mit Einschluß der Enden.

Ist die Klasse u die Gesamtheit der Punkte im Innern einer Kugel, so ist Cu die Gesamtheit der Punkte im Innern und auf der Oberfläche der Kugel.

Wenn u die Klasse der rationalen Zahlen ist, so stellt Cu die reellen Zahlen dar.

Ist u eine Klasse reeller Zahlen, so ist die obere Grenze der u, wenn sie endlich ist, ein Punkt von Cu.

Dasselbe gilt von der unteren Grenze.

Es sei eine Klasse u gegeben und man habe daraus die Cu abgeleitet. Verfährt man nun mit ihr auf dieselbe Art, so erhält man die CCu; diese neue Klasse fällt aber mit der früheren zusammen, oder:

$$(3) \qquad u\varepsilon \mathrm{Kq}_n \,.\, \supset \,.\, CCu = Cu.$$

Denn, wenn $x\varepsilon\, CCu$, und man setzt nach Belieben eine positive Zahl $2h$ fest, so existieren Punkte von Cu, deren Abstand von x kleiner als h ist; ist nun y ein solcher Punkt, so existieren, weil y ein Punkt von Cu ist, Punkte von u, die von y um weniger als h abstehen.

Mithin giebt es Punkte von u, deren Abstand von x kleiner als die beliebig kleine Größe $2h$ ist. Die untere Grenze der Abstände des x von den Punkten der u ist daher Null, oder x ist ein Punkt von Cu; also:

$$x\varepsilon CCu \,.\, \supset \,.\, x\varepsilon Cu,$$

wofür man auch schreiben kann:

$$(\mathrm{a}) \qquad CCu \supset Cu.$$

Auf der anderen Seite erhält man, wenn u in (2) durch Cu ersetzt wird:

$$(\mathrm{b}) \qquad Cu \supset CCu;$$

aus (a) und (b) ergiebt sich die Behauptung.

Eine Klasse u heißt *geschlossen*, wenn sie mit Cu zusammenfällt, oder wenn $Cu = u$ ist. Aus dem eben bewiesenen Satz ergiebt sich: wenn eine beliebige Klasse u gegeben wird, so ist die Klasse Cu geschlossen, weil $CCu = Cu$. Aus diesem Grund kann man auch statt Klasse Cu sagen: *die geschlossen gemachte Klasse u.*

Das Intervall Θ, die Kugel $x + \overline{\mathrm{m}}\Theta h$, etc. sind geschlossene Klassen.

§ 7. Es seien u und v zwei Kq_n und man denke sich die Klasse $u \cup v$, die aus den Punkten gebildet ist, welche wenigstens einer der beiden Klassen angehören. Nimmt man einen beliebigen Punkt x, so ist der Abstand zwischen x und $u \cup v$ der kleinste der Abstände zwischen x und u und zwischen x und v, oder:

$$u,\, v\varepsilon \mathrm{Kq}_n \,.\, x\varepsilon\mathrm{q}_n \,.\, \supset \,.\, \mathrm{l}_1\mathrm{m}\,[(u \cup v) - x] =$$
$$= \min\,[\mathrm{l}_1\mathrm{m}\,(u - x),\, \mathrm{l}_1\mathrm{m}\,(v - x)].$$

Wenn mithin der Abstand zwischen x und $u \cup v$ Null ist, d. h. wenn $x\varepsilon C(u \cup v)$, so muß wenigstens einer der beiden Abstände zwischen x und u und zwischen x und v Null sein, d. h.

x ist entweder ein Cu oder $x\varepsilon Cv$; und umgekehrt: wenn einer dieser Abstände Null ist, so muſs es auch der Abstand zwischen x und $u\smile v$ sein, oder:

$$(1) \qquad u, v\,\varepsilon \mathrm{K}\mathrm{q}_n \,.\, \supset \,.\, C(u\smile v) = Cu \frown Cv.$$

Es giebt noch andere Sätze über die Klassen Cu, die wir hier aber ohne Beweis bringen, weil sie in der Folge nicht vorkommen.

Es seien u und v Klassen von q_n. Wenn u in v enthalten ist, so muſs auch Cu in Cv enthalten sein:

$$(2) \qquad u \supset v \,.\, \supset \,.\, Cu \supset Cv.$$

Die Klasse $C(u\frown v)$, d. h. der geschlossen gemachte, den beiden Klassen u und v gemeinschaftliche, Teil ist in dem Teil enthalten, welcher den geschlossen gemachten Klassen u und v gemeinschaftlich ist:

$$(3) \qquad C(u\frown v) \supset (Cu) \frown (Cv).$$

Sind endlich die Klassen u und v geschlossen, so kann man statt des Zeichens $\supset$ auch $=$ lesen.

§ 8. Es kommt vor, daſs man, wenn eine Klasse u gegeben ist, Punkte x von der Beschaffenheit zu betrachten hat, daſs der Abstand zwischen x und den *anderen* Punkten der Figur u, d. h. den von x verschiedenen Punkten der Figur u Null ist. Diese Punkte bilden eine Klasse, welche die *Derivierte* von u heiſst und mit Du bezeichnet wird.

Wir wollen. für den Augenblick ι ($\text{\textGreek{ἴσος}}$) anstatt des *gleich* schreiben. ιx bedeute also *gleich x* und $\sim\!\iota x$ *verschieden von x*; doch beachte man, daſs das Zeichen $=$ nicht gleichbedeutend mit ι ist, sondern mit $\varepsilon\iota$.

Die Klasse Du läſst sich dann so definieren:

$$(1) \qquad x\varepsilon Du \,.\,= \,.\, \mathrm{l}_1\,\mathrm{m}\,[(u\sim\iota x) - x] = 0.$$

Die Klassen Cu und Du sind zwar begrifflich verschieden, aber durch Beziehungen miteinander verbunden. Wenn x ein Punkt von Cu ist, aber nicht von u, alsdann ist $u\sim\iota x = u$ (die von x verschiedenen u sind die sämtlichen u); mithin ist dieser Punkt ein Punkt von Du:

$$(a) \qquad (Cu)\sim u \supset Du.$$

Umgekehrt ist jeder Punkt von Du ein Punkt von Cu:

$$(b) \qquad Du \supset Cu.$$

Aus (a) und (b) sowie aus (2) in § 6 ergiebt sich

$$(2) \qquad Cu = u\smile Du,$$

d. h. die Klasse Cu ist das aus der Klasse u und ihrer Derivierten gebildete Ganze.

Während die Klasse Cu die u enthält, braucht Du die u nicht immer zu enthalten; ist es aber der Fall, ist also $u \supset Du$, so muß $Cu = Du$ sein, d. h. die geschlossen gemachte Klasse u und die derivierte Klasse müssen alsdann zusammenfallen. Es kann aber vorkommen, daß Punkte von u existieren, welche der derivierten Klasse nicht angehören; dies sind solche Punkte von u, in deren Umgebung andere Punkte von u nicht existieren. Solche Punkte $u \smallsmile Du$ heißen *isolierte Punkte* von u. Die Klasse Cu ist dann identisch mit der Derivierten von u, d. h. Du, wenn man zu der letzteren die isolierten Punkte von u hinzufügt.

Die derivierten Klassen besitzen bemerkenswerte Eigenschaften, von denen wir die beiden folgenden anführen:

$$(3) \qquad\qquad DDu \supset Du,$$

$$(4) \qquad\qquad D(u \smallsmile v) = Du \smallsmile Dv.$$

§ 9. Wir haben auch Klassen von Klassen komplexer Zahlen KKq_n zu betrachten, d. h. Systeme von Gruppen von Punkten. Jeder der Ausdrücke „begrenzte Klasse", „geschlossene Klasse", „die den Punkt x enthaltende Klasse", „Kugel", etc. stellt eine KKq_n vor. Oft wird eine KKq_n durch eine Eigenschaft bestimmt, z. B. durch die Eigenschaft „begrenzt zu sein", „geschlossen zu sein", „x zu enthalten", „die Gestalt einer Kugel zu haben", etc. und in der gewöhnlichen Sprache ist es vielleicht bequemer von „Eigenschaften der Klassen der q_n" zu sprechen, als von „Klassen von Klassen der q_n". Es sei u eine KKq_n, d. h. eine Eigenschaft der Punktmengen. Wir wollen diese Eigenschaft *distributiv* nennen und $u \varepsilon (KKq_n)$ distrib. schreiben, *falls jedesmal, wenn die Summe zweier Mengen c und c', d. h. $c \smallsmile c'$ die Eigenschaft u hat, wenigstens die eine von ihnen dieselbe Eigenschaft besitzt und falls umgekehrt, wenn die eine der Mengen c und c' die Eigenschaft u hat, auch ihre Summe $c \smallsmile c'$ diese Eigenschaft besitzt.*

Nimmt man also an $u \varepsilon (KKq_n)$ distrib., so erhält man nach der Definition:

$$(1) \qquad\qquad c \smallsmile c' \varepsilon u \, . = . \, (c \varepsilon u) \smallsmile (c' \varepsilon u).$$

So ist z. B. die Eigenschaft einer Klasse, unbegrenzt zu sein, eine distributive; denn, zerlegt man eine unbegrenzte Klasse in Teile, so ist wenigstens der eine von ihnen auch unbegrenzt, und umgekehrt, wenn einer der Teile unbegrenzt ist, so muß es auch die ganze Klasse sein.

Man habe im Raum eine Gesamtheit s von Punkten in unendlich großer Anzahl. Wenn dann eine Menge c gegeben ist, so kann sie eine endliche Anzahl oder eine unendlich grofse von Punkten des Systems s enthalten. Die Eigenschaft: „Die Menge c enthält unendlich viele Punkte des Systems s" ist eine distributive; denn, wenn c unendlich viele Punkte von s enthält und man es in Teile zerlegt, so mufs wenigstens einer von ihnen unendlich viele Punkte des Systems enthalten; und umgekehrt, wenn einer der Teile unendlich viele Punkte enthält, so mufs dasselbe auch für die ganze Menge gelten.

§ 10. Die Eigenschaft (1) ist äquivalent mit den beiden folgenden (2) und (3) zusammengenommen:

$$(2) \qquad c \cup c' \varepsilon u \, . \, \supset \, . \, (c \varepsilon u) \cup (c' \varepsilon u),$$

$$(3) \qquad (c \varepsilon u) \cup (c' \varepsilon u) \, . \, \supset \, . \, c \cup c' \varepsilon u.$$

Die Eigenschaft (3) läfst sich in zwei zerlegen, von denen die eine

$$(4) \qquad c \varepsilon u \, . \, \supset \, . \, c \cup c' \varepsilon u$$

lautet und die andere gefunden wird, wenn man in (4) c mit c' vertauscht; diese letztere drückt daher dasselbe aus wie (4).

Ist ferner c eine Klasse, so stellt $c \cup c'$ eine beliebige Klasse vor, die c enthält; der Formel (4) kann man daher auch die Gestalt geben

$$(5) \qquad c \varepsilon u \, . \, c \supset c' \, . \, \supset \, . \, c' \varepsilon u.$$

Mithin läfst sich der Satz (1), welcher die distributiven Eigenschaften charakterisiert, durch die Sätze (2) und (5) zusammengenommen ersetzen; also:

Man sagt, u sei eine distributive Eigenschaft von Punktmengen, wenn bei der Zerlegung einer Menge, welche die Eigenschaft u besitzt, wenigstens einer dieser Teile die Eigenschaft u hat und wenn aufserdem jede Menge, welche eine Menge enthält, die diese Eigenschaft besitzt, dieselbe Eigenschaft hat.

Man pflegt auch die durch das Zeichen Λ dargestellte Klasse Null als eine Klasse anzusehen. Wenn u eine distributive Eigenschaft ist, und wenn die Menge Λ die Eigenschaft u hat, d. h. wenn $\Lambda \varepsilon u$, und man substituiert in (4) an Stelle des c das Λ, so ergiebt sich $c' \varepsilon u$, also: jede Menge hat die Eigenschaft u. Nun wollen wir aber offenbar von Eigenschaften sprechen, die nicht allen Mengen gemeinsam sind; wir müssen daher die Menge Null von unseren Betrachtungen ausschliefsen, d. h. annehmen:

$$(6) \qquad u \varepsilon (K K q_n) \, \text{distrib.} \, \supset \, . \, \Lambda \sim \varepsilon u.$$

§ 11. Die Einführung der etwas philosophischen distributiven Eigenschaften gestattet uns nun das folgende wichtige Theorem aufzustellen, das man *Cantor* verdankt (Mathem. Ann., Bd. 23, S. 454):

Theorem. Es sei u eine distributive Eigenschaft der Punkt-menge und s eine begrenzte Menge, welche die Eigenschaft u hat, alsdann existiert ein Punkt x der geschlossen gemachten Menge s von der Beschaffenheit, dafs jede Kugel vom Centrum x die Eigen-schaft u hat:

$$u\varepsilon(\mathrm{KKq}_n)\,\mathrm{distrib}.\ s\varepsilon u\,.\,\mathrm{l}'ms\varepsilon\mathrm{Q}\,.\,\Omega\,\therefore$$

$$x\varepsilon Cs:k\varepsilon\mathrm{Q}\,.\,\Omega_k\,.\,x\,\dotplus\,\overline{m}\Theta k\varepsilon u:\sim\,=\,{}_x\Lambda.$$

Der Beweis wird so geführt:

Wir wollen annehmen, die q_n seien von der dritten Ordnung (x, y, z) und wollen sie durch Punkte darstellen. Da die Klasse s begrenzt ist, so sind die Koordinaten der Punkte von s zwischen endlichen Grenzen enthalten; es sei $(a \rightarltail a',\ b \rightarltail b',\ c \rightarltail c')$ ein Parallelepipedon, welches die Klasse s umschliefst. Man halbiere die Kanten des Parallelepipedons und lege durch die Teilungs-punkte den Seitenflächen parallele Ebenen. Dadurch wird das Parallelepipedon in 2^3 solche Figuren geteilt und die gegebene Menge in die gleiche Anzahl von Teilen oder in weniger als 8 Teile zerlegt (die Anzahl ist kleiner, wenn irgend eines der Teilparallelepipeda einen Punkt von s nicht enthält). In Folge der gemachten Hypothesen mufs einer dieser Teile die Eigen-schaft u besitzen. Die Teilmenge von s, welche die Eigen-schaft u hat, möge in dem Parallelepipedon $(a_1 \rightarltail a_1',\ b_1 \rightarltail b_1',\ c_1 \rightarltail c_1')$ enthalten sein. Alsdann ist

$$a_1 \geqq a,\ b_1 \geqq b,\ c_1 \geqq c;\quad a_1' \leqq a',\ b_1' \leqq b',\ c_1' \leqq c'$$

und

$$a_1' - a_1 = \frac{1}{2}\,(a' - a),\ b_1' - b_1 = \frac{1}{2}\,(b' - b),$$

$$c_1' - c_1 = \frac{1}{2}\,(c' - c).$$

Man verfahre mit der so erhaltenen Menge auf dieselbe Art wie mit der gegebenen. Man kommt zu einer neuen Menge, welche ebenfalls diese Eigenschaft u besitzt und in welcher die Koordinaten der Punkte zwischen a_2, a_2'; b_2, b_2'; c_2, c_2' liegen; u. s. w.

Die Größen $a,\ a_1,\ a_2,\ \ldots$ nehmen, wenn sie sich ändern, zu, die Größen $a',\ a_1',\ a_2',\ \ldots$ dagegen nehmen ab und, weil die Differenzen $a' - a,\ a_1' - a_1,\ a_2' - a_2,\ \ldots$ beliebig klein werden, so konvergieren die a und a' gegen eine gemeinsame Grenze x_0; ebenso konvergieren die Größen $b,\ b_1,\ b_2,\ \ldots$ und $b',\ b_1',\ b_2',\ \ldots$ gegen die nämliche Grenze y_0 und die $c,\ c_1,\ c_2,\ \ldots$ und $c',\ c_1',\ c_2',\ \ldots$ gegen z_0. Wir behaupten: der Punkt P mit den Koordinaten x_0, y_0, z_0 besitzt die angegebene Eigenschaft. Denn: man setze k willkürlich fest und bestimme n so grofs, dafs alle Punkte, deren Koordinaten zwischen a_n, a_n'; b_n, b_n'; c_n, c_n' liegen, von P um weniger als k

absteherr (dazu braucht man n nur derart zu nehmen, daſs die Differenzen $x_0 - a_n$, $a_n' - x_0$; $y_0 - b_n$; $b_n' - y_0$; $z_0 - c_n$, $c_n' - z_0$, die Null zur Grenze haben, kleiner als $k/3$ sind). Alsdann enthält die Kugel mit dem Centrum (x_0, y_0, z_0) und dem Radius k den Teil von s, der in dem Parallelepipedon $(a_n \vdash a_n', b_n \vdash b_n', c_n \vdash c_n')$ enthalten ist. Dieses besitzt aber die Eigenschaft u. Mithin hat auch die Kugel die Eigenschaft u. Weil ferner jede Kugel mit dem Centrum (x_0, y_0, z_0) Punkte des Systems s enthält, so gehört der Punkt (x_0, y_0, z_0) der Cs an.

§ 12. Wir werden oft Gelegenheit haben, das Cantor'sche Theorem anzuwenden; für jetzt beschränken wir uns auf ein Beispiel.

Es sei s eine Klasse unendlich vieler Punkte; sie sei begrenzt, d. h. $1'm s \varepsilon Q$. Die Eigenschaft, daſs die Menge c unendlich viele Punkte von s enthält, ist alsdann eine distributive; die gegebene Menge s hat nach der Voraussetzung die Eigenschaft, unendlich viele Punkte zu enthalten und begrenzt zu sein; daher muſs wenigstens ein Punkt von solcher Beschaffenheit existieren, daſs in jeder seiner Umgebungen unendlich viele Punkte des Systemes s existieren. Mit anderen Worten: *Es existiert immer das derivierte System einer Klasse s, wenn diese unendlich viele Punkte enthält und begrenzt ist. Oder: Wenn ein System von unendlich vielen Punkten keine derivierte Klasse hat, so ist das System unbegrenzt. Oder auch: In einem begrenzten System unendlich vieler Punkte kann der Abstand zweier Punkte bei dem Variieren derselben beliebig klein werden.*

§ 13. In diesem und dem folgenden Paragraphen wollen wir einige Umformungen des Cantor'schen Theorems vornehmen, von denen wir jedoch später keinen Gebrauch machen werden.

Es können Eigenschaften u der Punktmengen $(u \varepsilon \mathrm{K\,K\,q}_n)$ vorkommen, welche nur die erste der Bedingungen der distributiven Eigenschaften, § 10, (2), erfüllen, nämlich

$$c \cup c' \varepsilon u \,.\, \supset \,.\, (c \varepsilon u) \cup (c' \varepsilon u),$$

d. h.: wenn die Gesamtmenge $c \cup c'$ die Eigenschaft u hat, so hat wenigstens einer ihrer Teile c oder c' die Eigenschaft u. Eine solche Eigenschaft u kann man *halbdistributiv* nennen.

Alsdann ist die Eigenschaft: „die Menge c enthält eine Menge, welche die Eigenschaft u hat", distributiv und der Cantorsche Satz wird:

Wenn u eine halbdistributive Eigenschaft der Punktmengen ist und wenn eine begrenzte Klasse s die Eigenschaft u besitzt, alsdann existiert ein Punkt x der geschlossen gemachten Menge derart, daſs jede Kugel mit dem Centrum x Mengen enthält, welche die Eigenschaft u haben.

Es sei z. B. f ein q/q_n, d. h. f sei eine reelle Funktion von n reellen Variabelen; man setze der Einfachheit wegen $n = 3$ voraus; es möge also $f(x, y, z)$ eine reelle Funktion der drei reellen Variabelen x, y, z sein. l sei ferner die endliche oder unendlich große obere Grenze der Werte von f, wenn das Tripel (x, y, z) derart variiert, daß der Punkt, welcher diese Koordinaten hat, eine gewisse Figur c beschreibt. Alsdann ist folgende Eigenschaft halbdistributiv:

„l ist die obere Grenze der Werte, welche $f(x, y, z)$ annimmt, wenn der Punkt (x, y, z) in der Menge c variiert."

Denn, zerlegt man c in zwei Teile c' und c'', so ist in einem von diesen die obere Grenze der Werte von f wieder l. Also giebt es einen Punkt (x_0, y_0, z_0) der geschlossen gemachten Menge s von der Beschaffenheit, daß jede Kugel mit dem Centrum (x_0, y_0, z_0) Mengen enthält, die Teile von s sind und in denen die obere Grenze der Funktion f wieder l ist:

$$ s\varepsilon\mathrm{K}q_n . \mathrm{l}'ms\varepsilon\mathrm{Q} . f\varepsilon qfs . \cap \;\therefore\; x_0\varepsilon Cs : k\varepsilon\mathrm{Q} . \cap_k $$

$$ \mathrm{l}'f\big(s\cap(x_0 + \overline{\mathrm{m}}\,\Theta k)\big) = \mathrm{l}'f(s) : \sim \; = \; _{x_0}\Lambda. $$

f sei ferner eine kontinuierliche oder diskontinuierliche in einem Intervall definierte reelle Funktion. Wir wollen sagen: „die Funktion f wechsele an den Enden des Intervalls $a \mapsfrom b$ das Vorzeichen" statt „$f(a) \times f(b) \leqq 0$", d. h. also anstatt zu sagen: „die Werte $f(a)$ und $f(b)$ hätten entweder verschiedene Vorzeichen oder einer von ihnen sei Null". Alsdann ist die Eigenschaft: „die Funktion f wechselt das Vorzeichen an den Enden des Intervalls $a \mapsfrom b$", eine halbdistributive Eigenschaft des Intervalls, weil bei der Zerlegung des letzteren in zwei Teile $a \mapsfrom c$ und $c \mapsfrom b$, wenn $f(a) \times f(b) \leqq 0$ ist, entweder $f(a) \times f(c) \leqq 0$ oder $f(c) \times f(b) \leqq 0$ sein muß. Wenn daher die Funktion $f(x)$ an den Enden des Intervalls $a \mapsfrom b$ das Vorzeichen ändert, so läßt sich ein Punkt x_0 dieses Intervalls in der Art finden, daß sich in jeder seiner Umgebungen immer Intervalle bestimmen lassen, an deren Enden die Funktion das Vorzeichen wechselt. Wenn die $f(x)$ kontinuierlich ist, so wird $f(x_0) = 0$.

§ 14. Manchmal kommen Eigenschaften vor, welche die Negationen der distributiven Eigenschaften sind. Eine solche Eigenschaft heißt *antidistributiv*. Es sei u eine antidistributive Eigenschaft. Alsdann ist das Nichtvorhandensein der Eigenschaft u eine distributive Eigenschaft der Klasse c; man erhält mithin durch Substitution in die Definitionsformel (1) in § 9

$$ (1) \qquad c \cup c' \sim \varepsilon u . = . (c \sim \varepsilon u) \cup (c' \sim \varepsilon u) $$

oder, wenn man beide Seiten negativ nimmt,

$$ (2) \qquad c \cup c' \varepsilon u . = . c\varepsilon u . c'\varepsilon u. $$

Die Behauptung, u sei eine antidistributive Eigenschaft, ist gleichbedeutend mit der Behauptung, dafs, wenn eine Menge $c \cup c'$ die Eigenschaft u habe, jeder ihrer Teile c und c' dieselbe Eigenschaft besitze, und umgekehrt, wenn zwei Teilmengen c und c' die Eigenschaft u besitzen, dafs dann auch ihre Gesamtheit die nämliche Eigenschaft hätte.

Zum Beispiel: Weil das Unbegrenztsein einer Klasse eine distributive Eigenschaft ist, so mufs das Begrenztsein einer Klasse eine antidistributive sein. Die Eigenschaft einer Funktion $f(x)$, in einem Intervall $a \dashv b$ integrierbar zu sein, ist eine antidistributive des Intervalls. Dafs sämtliche Terme einer Reihe von variabelen Gliedern in einem Intervall integrierbar sind, ist ebenfalls eine antidistributive Eigenschaft dieses Intervalls.

u sei eine antidistributive Eigenschaft; alsdann ist $s \sim \varepsilon u$ eine distributive, und man erhält, wenn das Theorem Cantor's auf sie angewendet wird:

$$(3) \quad \begin{aligned} & s \sim \varepsilon u \,.\, l' m s \varepsilon Q \,.\, \supset \,.\, \therefore \, x \varepsilon C s : k \varepsilon Q \,.\, \supset_k \\ & x + \overline{m} \Theta k \sim \varepsilon u : \sim \; =_x \Lambda. \end{aligned}$$

Bringt man die Hypothese $s \varepsilon u$ auf die rechte Seite, die ganze Thesis auf die linke und macht die nötigen Umformungen, so ergiebt sich:

$$(4) \quad l' m s \varepsilon Q \,.\, \therefore \, x \varepsilon C s \,.\, \supset_x : k \varepsilon Q \,.\, x + \overline{m} \Theta k \varepsilon u \,.\, \sim \; =_k \Lambda \,.\, \therefore \, \supset \,.\, s \varepsilon u.$$

Wenn u eine antidistributive Eigenschaft der Punktmengen ist und s eine begrenzte Punktmenge und wenn sich immer, wie man auch einen Punkt x in der geschlossen gemachten Menge s annehmen mag, eine Kugel mit dem Centrum x bestimmen läfst, welche die Eigenschaft u hat, alsdann besitzt die ganze Menge s die Eigenschaft u.

In den vorstehenden Sätzen wurde von Kugeln gesprochen, welche zum Centrum den Punkt x haben; es ist selbstverständlich, dafs man sie durch Parallelepipeda oder beliebige andere Figuren ersetzen kann, die den Punkt x in ihrem Innern enthalten.

Der letzte Satz läfst sich noch umformen, wenn man die unendlich kleinen Mengen einführt. Wir wollen uns eine Vorstellung von einer unendlich kleinen Menge in der Art machen, dafs wir uns eine Menge denken, deren Punkte sehr nahe aneinander liegen, oder eine variabele Menge, deren sämtliche Punkte einem festen Punkt zustreben. Den unendlich kleinen Mengen werden wir in der Folge eine Reihe von Eigenschaften beilegen, die sich aus den Eigenschaften der endlichen Menge durch Übergang zur Grenze ergeben. Vor der Hand teilen wir der unendlich kleinen Menge in dem gewöhnlichen Raum drei Koordinaten (x, y, z) zu, die ihre Lage im Raum bestimmen. Was eine unendlich kleine Menge ist, wird. nicht definiert werden, jedoch sollen die Sätze definiert werden, in denen ein solcher Ausdruck vorkommt.

Unter u eine antidistributive Eigenschaft verstanden, wollen wir statt: „es läfst sich eine Umgebung des Punktes (x, y, z), d. h. eine Kugel mit dem Centrum (x, y, z) bestimmen, welche die Eigenschaft u hat", sagen: „die unendlich kleine Menge mit den Koordinaten (x, y, z) hat die Eigenschaft u". Alsdann erhält der letzte Satz die Form:

Versteht man unter u eine antidistributive Eigenschaft und ist die Menge s begrenzt und geschlossen, so besitzt, wenn jede unendlich kleine in s enthaltene Menge die Eigenschaft u hat, die ganze Menge s die Eigenschaft u.

Die Grenzen.

§ 15. Wir wollen nunmehr Komplexe von beliebiger Ordnung m, die Funktionen von Komplexen von beliebiger Ordnung n sind, d. h. $q_m f q_n$ betrachten. Einen speziellen Fall bilden die $q_m f q$, d. h. die Komplexe von beliebiger Ordnung, welche Funktionen einer numerischen Variabelen sind, also Systeme von m reellen Funktionen einer reellen Variabelen. Wird der Komplex durch einen Punkt dargestellt, so erhält man einen Punkt, dessen Lage im Raum von einer numerischen Variabelen abhängt und welcher eine Linie beschreibt. Analog sind dann die $q_m f q_2$, $q_m f q_3$ zu untersuchen, oder Punkte, deren Lage von zwei oder drei numerischen Variabelen abhängt. Ein anderer spezieller Fall ist durch die $q f q_n$ gegeben, d. h. durch eine reelle Funktion von n reellen Variabelen.

Eine Funktion kann für alle Systeme von Werten der unabhängigen Variabelen gegeben sein oder auch für Systeme von Werten, die auf verschiedene Art beschränkt sein können.

So ist z. B. die Funktion

$$z = ax^2 + 2bxy + cy^2,$$

worin a, b und c Konstante sind, für alle Paare von Werten gegeben, die man x und y zulegen kann. Dagegen ist die Funktion

$$z = \sqrt{1 - x^2 - y^2},$$

worin unter dem Wurzelzeichen die arithmetische Wurzel aus dem Radikanden verstanden wird, nur für die Paare von Werten der x und y definiert, welche die Bedingung $1 \geq x^2 + y^2$ erfüllen. Sie wird durch die Punkte des Kreises dargestellt, dessen Centrum im Koordinatenanfang liegt und dessen Radius 1 ist. Die Funktion

$$u = \frac{(x + y)!}{x!\, y!}$$

wird durch die Algebra nur für Werte von x und y definiert, die ganze und positive Zahlen sind.

§ 16. Es sei u ein System komplexer Zahlen von der Ordnung n, und f ein $\mathrm{q}_m fu$, d. h. $f(x)$ ein Komplex von der Ordnung m, welcher eine Funktion des Komplexes x ist, die für alle Werte von x in dem System u definiert ist. Es sei ferner x_0 ein Punkt des derivierten Komplexes von u, d. h. ein Punkt, der dem u entweder angehört oder nicht, jedenfalls aber derart ist, daß in jeder seiner Umgebungen unendlich viele Punkte von u existieren. Wir wollen die Grenze definieren, gegen die $f(x)$ konvergiert, wenn der variabele Punkt x, in dem System u variierend, gegen x_0 konvergiert; diese Grenze bezeichnen wir mit $\operatorname{Lim}_{x, u, x_0} f(x)$ oder mit $\operatorname{Lim} f(x)$.

Es sei a ein q_m.

Wenn man sagt, a sei ein Grenzpunkt von $f(x)$ für ein x, welches, in u variierend, gegen x_0 konvergiert, so heißt dies: Sind h und k beliebig gewählte positive Zahlen und durchläuft x alle Punkte der Klasse u, die von x_0 verschieden und von diesem weniger als h entfernt sind, so giebt es unter den zugehörigen Werten $f(x)$ immer solche, für welche $\mathrm{m}[f(x) - a] < k$ ist.

In Symbolen:

$$(1) \qquad u\varepsilon\mathrm{K}\mathrm{q}_n \,.\, x_0\varepsilon Du \,.\, f\varepsilon\mathrm{q}_m fu \,.\, a\varepsilon\mathrm{q}_m : \supset \,\therefore$$
$$a\varepsilon\operatorname{Lim}_{x, u, x_0} f(x) \,.\, \mathrel{=}: h,\, k\varepsilon\mathrm{Q} \,.\, \supset_{h, k} \cdot$$
$$f[u\frown(x_0 + \overline{\mathrm{m}}\Theta h)\frown\sim\iota x_0]\frown(a + \overline{\mathrm{m}}\Theta k)\sim \mathrel{=} \Lambda.$$

Die Definition läßt sich in die folgende umformen:

$$(2) \qquad a\varepsilon\operatorname{Lim}_{x, u, x_0} f(x) \,.\, \mathrel{=}: h\varepsilon\mathrm{Q} \,.\, \supset_h \cdot$$
$$a\varepsilon Cf[u\frown(x_0 + \overline{\mathrm{m}}\Theta h)\frown\sim\iota x_0].$$

Wenn man sagt, a sei ein Grenzpunkt von $f(x)$, so heißt dies: wie man auch den Radius h festsetzen möge, der Punkt a gehört immer der geschlossen gemachten Klasse an, die aus den Werten besteht, welche $f(x)$ annimmt, wenn x in u in der Kugel mit dem Centrum x_0 und dem Radius h variiert, ohne jemals mit x_0 zusammen zu fallen.

Aus dieser Definition ergiebt sich, daß die Grenze einer Funktion $f(x)$ bei der Annäherung des x an x_0 mit $f(x_0)$, d. h. mit dem Wert der $f(x)$ für $x = x_0$ nichts zu thun hat; denn die Grenze von $f(x)$ hängt nur von den Werten der Funktion $f(x)$ in den Umgebungen von x_0 ab; der Variabelen x wird aber niemals der Wert x_0 beigelegt. Wollte man diese Bedingung nicht stellen, so würde der den verschiedenen $Cf[u\frown(x_0 + \overline{\mathrm{m}}\Theta h)]$ — d. h. den geschlossen gemachten Klassen, die aus den Werten von $f(x)$ gebildet sind, wenn x in u in der Kugel mit dem Centrum x_0 und dem Radius h variiert — gemeinsame Teil aus der Klasse $\lim_{x, u, x_0} f(x)$ bestehen, welcher der Punkt $f(x_0)$ hinzugefügt ist.

Unter den Grenzwerten einer Funktion $f(x)$ kann auch das Unendlichgrofse auftreten:

$$\infty \, \varepsilon \, \mathrm{Lim}_{x,\,u,\,x_0} f(x) \, . \, = \, :$$

$$(3) \qquad h \, \varepsilon \, Q \, . \, \mathfrak{I}_h \, . \, \mathrm{l'mf} \, [u \cap (x_0 + \overline{\mathrm{m}} \, \Theta \, h)] = \infty.$$

Man sagt, unendlich sei ein Grenzpunkt von $f(x)$, falls x in u variierend gegen x_0 konvergiert, wenn die obere Grenze der Moduli der Werte, welche $f(x)$ in der Umgebung des Punktes x_0 annimmt, unendlich grofs ist.

§ 17. *Theorem I. Legt man den u, x_0 und f dieselbe Bedeutung wie zuvor bei und ist v eine begrenzte Klasse von $\mathfrak{q}_m$ und so beschaffen, dafs in der Umgebung von x_0 die Funktion $f(x)$ immer Werte annimmt, die in v enthalten sind, alsdann enthält die geschlossen gemachte Klasse v bei der Annäherung von x an x_0 Grenzpunkte von $f(x)$:*

$$u \, \varepsilon \, \mathrm{K} \, \mathfrak{q}_n \, . \, x_0 \, \varepsilon \, D u \, . \, f \, \varepsilon \, \mathfrak{q}_m \, f u \, . \, v \, \varepsilon \, \mathrm{K} \, \mathfrak{q}_m \, . \, \mathrm{l'm} v \, \varepsilon \, Q : h \, \varepsilon \, Q \, . \, \mathfrak{I}_h \, .$$

$$f \, [u \cap (x_0 + \overline{\mathrm{m}} \, \Theta \, h) \cap \sim \iota x_0] \cap v \sim \, = \Lambda : \mathfrak{I} \, . \, [\mathrm{Lim}_{x,\,u,\,x_0} f(x)] \cap C v \sim \, = \Lambda.$$

Die Eigenschaft: „die Menge v enthält Werte, welche $f(x)$ in der Umgebung von x_0 annimmt" ist eine distributive. Zerlegt man nämlich v in die beiden Teile v_1 und v_2, so dafs $v = v_1 \cup v_2$, und hat einer von ihnen, z. B. v_1, die Eigenschaft, Werte zu enthalten, welche $f(x)$ in jeder Umgebung von x_0 annimmt, so kommt auch v die nämliche Eigenschaft zu, und umgekehrt: wenn keine der beiden Mengen diese Eigenschaft besitzt, d. h. wenn man eine Kugel vom Centrum x_0 und Radius h_1 derart bestimmen kann, dafs kein Wert, den $f(x)$ annimmt, wenn x in dieser Kugel variiert, ein v_1 ist, und wenn man eine andere Kugel mit demselben Centrum und dem Radius h_2 derart bestimmen kann, dafs kein von der Funktion in dieser anderen Kugel angenommener Wert ein v_2 ist, so enthält $v_1 \cup v_2 = v$, falls man unter h den kleineren der Radien h_1 und h_2 versteht, keinen der Werte, welche $f(x)$ in der Kugel mit dem Centrum x_0 und dem Radius h annimmt. Man kann daher nach dem Cantor'schen Theorem wenigstens einen Punkt a von $C v$ derart bestimmen, dafs bei willkürlich festgesetztem Radius k die Kugel mit dem Centrum a und dem Radius k Werte enthält, welche $f(x)$ in jeder Umgebung von x_0 annimmt; das heifst aber, a ist ein Grenzpunkt von $f(x)$, wenn x gegen x_0 konvergiert.

Theorem II. Wenn sich — unter Beibehaltung derselben Bezeichnung — eine positive Zahl k derart bestimmen läfst, dafs die Funktion $f(x)$ in jeder Umgebung von x_0 immer Werte annimmt, deren Modul nicht gröfser als k ist, so existieren für $x = x_0$ endliche Grenzwerte von $f(x)$.

$$u\,\varepsilon\,\mathrm{K}\,\mathrm{q}_n \,.\, x_0\,\varepsilon\,Du \,.\, f\,\varepsilon\,\mathrm{q}_m f u \,.\, k\,\varepsilon\,\mathrm{Q} : h\,\varepsilon\,\mathrm{Q} \,.\, \supset_h \,.$$

$$f[u\cap(x_0 + \overline{\mathrm{m}}\Theta h)\cap\sim\iota x_0]\cap\overline{\mathrm{m}}\Theta k \sim = \Lambda : \supset.$$

$$\mathrm{q}_m\cap\mathrm{Lim}_{x,\,u,\,x_0}f(x)\sim = \Lambda.$$

Denn die Kugel vom Radius k, deren Centrum im Koordinatenanfang liegt, ist eine begrenzte Klasse und derart, daſs die Funktion $f(x)$ in der Umgebung von x_0 immer Werte annimmt, die in dieser Kugel enthalten sind. Nach dem vorigen Satz muſs diese Kugel daher Grenzpunkte von $f(x)$ enthalten.

Theorem III. Behält man dieselbe Bezeichnung bei, so existieren immer Grenzwerte von $f(x)$:

$$u\,\varepsilon\,\mathrm{K}\,\mathrm{q}_n \,.\, x_0\,\varepsilon\,Du \,.\, f\,\varepsilon\,\mathrm{q}_m f u \,.\, \supset \,.\, \mathrm{Lim}_{x,\,y,\,x_0}f(x)\sim = \Lambda.$$

Denn man kann entweder k so bestimmen, daſs die Funktion $f(x)$ in der Umgebung von x_0 Werte annimmt, deren Modul nicht gröſser als k ist — ein Fall, in welchem $f(x)$ endliche Grenzwerte hat — oder $f(x)$ nimmt in der Umgebung von x_0 Werte an, deren Modul beliebig groſs ist — ein Fall, in welchem unendlich ein Grenzwert von $f(x)$ ist.

Theorem IV. Haben u, x_0, f die gewöhnliche Bedeutung und ist v eine begrenzte Klasse von q_m und läſst sich ferner eine solche Umgebung von x_0 bestimmen, daſs alle Werte, welche $f(x)$ in dieser Umgebung annimmt, in v enthalten sind, alsdann enthält die geschlossen gemachte Klasse alle Grenzwerte von $f(x)$.

$$u\,\varepsilon\,\mathrm{K}\,\mathrm{q}_n \,.\, x_0\,\varepsilon\,Du \,.\, f\,\varepsilon\,\mathrm{q}_m f u \,.\, v\,\varepsilon\,\mathrm{K}\,\mathrm{q}_m \,.\, \mathrm{l}'mv\,\varepsilon\,\mathrm{Q} \,.\, h\,\varepsilon\,\mathrm{Q} \,.$$

$$f[u\cap(x_0 + \overline{\mathrm{m}}\Theta h)\sim\iota x_0]\supset v \,.\, \supset \,.\, \mathrm{Lim}_{x,\,u,\,x_0}f(x)\supset Cv.$$

Denn es sei h, wie wir schon in Symbolen geschrieben haben, ein solcher Radius der Kugel vom Centrum x_0, daſs die Werte, welche $f(x)$ annimmt, wenn x in dem in dieser Kugel enthaltenen Teil der Klasse u variiert, ohne mit x_0 zusammenzufallen, sämtlich in $\dot{v}$ enthalten sind. Alsdann muſs, weil die Klasse v begrenzt ist, auch die Klasse der Werte, die $f(x)$ in der Umgebung von x_0 annimmt, begrenzt sein. Mithin ist ∞ kein Grenzwert von $f(x)$ und alle Grenzwerte von $f(x)$ sind endlich. Es sei a ein Grenzwert von $f(x)$. Alsdann muſs der Abstand zwischen a und der Klasse der von $f(x)$ angenommenen Werte, d. h. der Klasse

$$f[u\cap(x_0 + \overline{\mathrm{m}}\Theta h)\sim\iota x_0]$$

null sein, um so mehr also der Abstand zwischen a und der Klasse v, welche die vorstehende Klasse enthält; d. h. $a\,\varepsilon\,Cv$.

25*

Theorem V. Wenn der Komplex a ein Grenzwert von $f(x)$ ist, so muſs 0 ein Grenzwert von $\operatorname{mod}[f(x) - a]$ sein, und umgekehrt:

$$a\varepsilon \operatorname{Lim} f(x) \,.\mathbin{=\!=}\, 0\,\varepsilon \operatorname{Lim} \operatorname{mod}[f(x) - a].$$

Theorem VI. Wenn ∞ ein Grenzwert von $f(x)$ ist, so muſs ∞ ein Grenzwert von $\operatorname{mod} f(x)$ sein, und umgekehrt:

$$\infty\,\varepsilon \operatorname{Lim} f(x) \,.\mathbin{=\!=}\, \infty\,\varepsilon \operatorname{Lim} \operatorname{mod} f(x).$$

Die beiden Sätze ergeben sich aus der Definition der Grenze.

§ 18. Die Grenzwerte von $f(x)$ bilden bei der Annäherung des x an x_0 im allgemeinen eine Klasse, die, wie eben bewiesen wurde, immer existiert. Von Interesse ist der Fall, in dem $f(x)$ einen einzigen endlichen oder unendlich groſsen Grenzwert hat. Um auszudrücken, daſs a dieser Grenzwert sei, wollen wir schreiben $a = \lim f(x)$ und lesen: a ist *die* Grenze von $f(x)$.

Wir wollen zuerst den Fall untersuchen, in welchem diese Grenze ∞ ist.

Theorem I. Benutzt man wieder die früheren Bezeichnungen, so bedeutet der Ausspruch, die Funktion $f(x)$ habe bei der Annäherung des x an x_0 ∞ zum Grenzwert (d. h. das zum alleinigen Grenzwert) dasselbe, wie: Wenn man willkürlich eine beliebig groſse positive Zahl k festsetzt, so läſst sich eine Kugel vom Centrum x_0 und passendem Radius h derart bestimmen, daſs die von $f(x)$ in dieser Kugel angenommenen Werte mit Ausnahme des Centrums sämtlich einen Modul haben, der gröſser als k ist:

$$u\varepsilon \mathrm{K}\mathsf{q}_n \,.\, x_0\varepsilon Du \,.\, f\varepsilon \mathsf{q}_m fu \,.\, \cap \,::$$

$$\infty = \lim\nolimits_{x,\,u,\,x_0} f(x) \,.\mathbin{=}\,\therefore\, k\varepsilon \mathrm{Q} \,.\, \cap k : h\varepsilon \mathrm{Q} \,.$$

$$\mathrm{m}f[u\cap(x_0 + \Theta\overline{\mathrm{m}}h)\cap\sim\iota x_0]\cap k + \mathrm{Q} \,.\sim\,\equiv\,{}_h\Lambda\,.$$

Dieser Satz ergiebt sich aus Theorem II des vorigen Paragraphen, wenn man beide Seiten negativ nimmt.

Theorem II. Behält man dieselben Bezeichnungen bei, so bedeutet der Satz, $f(x)$ habe als (einzigen) Grenzwert den endlichen Wert a, soviel wie: Setzt man willkürlich eine beliebig kleine positive Zahl k fest, so läſst sich eine Zahl $h > 0$ so bestimmen, daſs, wenn man dem x einen beliebigen in u enthaltenen Wert beilegt, der sich von x_0 um eine Zahl unterscheidet, deren Modul kleiner als h ist, alsdann die Differenz zwischen dem entsprechenden Wert der Funktion $f(x)$ und a einen Modul hat, der kleiner als k ist. Oder auch: Setzt man k fest, so läſst sich eine Kugel vom Centrum x_0 und passendem Radius h so bestimmen, daſs für das in dieser Kugel variierende x die entsprechenden Werte von $f(x)$ sämtlich in der Kugel vom Centrum a und Radius k enthalten sind.

$$u \varepsilon K q_n \,.\, x_0 \varepsilon D u \,.\, f \varepsilon q_m f u \,.\, a \varepsilon q_m \,.\, \supset ::$$

$$a = \lim_{x,u,x_0} f(x) \,.\, = \,.\, \therefore\, k \varepsilon Q \,.\, \supset_k : h \varepsilon Q \,.$$

$$f[u \cap (x_0 + \overline{m}\Theta h) \sim \iota x_0] \supset a + \overline{m}\Theta k \,.\, \sim \,{=}_h \Lambda \,.$$

Denn, wenn sich, wie man auch k festsetze, eine Umgebung von x_0 so bestimmen läfst, dafs alle Werte von $f(x)$ in dieser Umgebung in der Kugel vom Centrum a und Radius k enthalten sind, so mufs die Grenze von $f(x)$ in der Kugel vom Centrum a und Radius k inbegriffen sein; und da dies für jeden beliebigen Radius k gilt, so folgt, dafs a der (alleinige) Grenzwert von $f(x)$ ist.

Wir wollen umgekehrt annehmen, man habe k festgesetzt und in jeder Umgebung von x_0 existierten Werte der $f(x)$ aufserhalb der Kugel mit dem Centrum a und dem Radius k. Wenn in jeder Umgebung von x_0 die obere Grenze der Werte des Moduls der $f(x)$ unendlich grofs ist, alsdann ist ∞ ein weiterer Grenzwert von $f(x)$. Wenn dagegen in einer passenden Umgebung von x_0 die obere Grenze der Moduln von $f(x)$ einen endlichen Wert l hat, so nimmt die Funktion $f(x)$ in jeder Umgebung von x_0 Werte an, die durch Punkte dargestellt werden, welche aufserhalb der Kugel vom Centrum a und Radius k und innerhalb der Kugel liegen, deren Centrum der Koordinatenanfang und deren Radius l ist. Mithin existieren in dem zwischen den beiden Kugeloberflächen befindlichen Raumteil Grenzpunkte von $f(x)$, die von a verschieden sind. Dies bedeutet, dafs sich, wenn a der alleinige Grenzwert von $f(x)$ ist und wenn k festgesetzt wurde, eine Umgebung von x_0 derart bestimmen läfst, dafs alle Werte, welche $f(x)$ in dieser Umgebung annimmt, in der Kugel vom Centrum a und Radius k enthalten sind.

Es folgt unmittelbar:

Theorem III. Unter denselben Voraussetzungen ist die Behauptung, ∞ *sei die Grenze von* $f(x)$, *gleichbedeutend mit:* ∞ *ist die Grenze des* mod $f(x)$:

$$\infty = \lim f(x) \,.\, = \,.\, \infty = \lim \operatorname{mod} f(x);$$

und, wenn man sagt, der endliche Wert a *sei die Grenze von* $f(x)$, *so ist dies gleichwertig mit:* 0 *ist die Grenze des* mod $[f(x) - a]$:

$$a = \lim f(x) \,.\, = \,.\, 0 = \lim \operatorname{mod} [f(x) - a].$$

Theorem IV. Wenn $x_1, x_2, \ldots, x_n$ *reelle Variabele sind, so ist die Angabe, der Komplex* $(x_1, x_2, \ldots, x_n)$ *habe zur Grenze den Komplex* $(a_1, a_2, \ldots, a_n)$ *äquivalent mit:* x_1 *hat zur Grenze* a_1, x_2 *hat zur Grenze* a_2, $\ldots$, x_n *hat zur Grenze* a_n.

Denn, setzt man $\lim (x_1, x_2, \ldots, x_n) = (a_1, a_2, \ldots, a_n)$, so bedeutet dies

$$(1) \qquad \lim \mathrm{mod}\,(x_1 - a_1,\ x_2 - a_2,\ \ldots,\ x_n - a_n) = 0$$

oder

$$(2) \quad \lim \sqrt{(x_1 - a_1)^2 + (x_2 - a_2)^2 + \cdots + (x_n - a_n)^2} = 0.$$

Wenn dies der Fall ist, so muſs jede der Differenzen $x_1 - a_1$, $x_2 - a_2$, ..., weil sie ihrem absoluten Wert nach kleiner als der in Rede stehende Modul ist, gegen Null konvergieren; und um-gekehrt, wenn jede dieser Differenzen gegen Null konvergiert, so besteht die Beziehung (2); demnach geht (2) über in:

$$\lim (x_1 - a_1) = 0,\ \lim (x_2 - a_2) = 0,\ \ldots,\ \lim (x_n - a_n) = 0;$$

oder

$$\lim x_1 = a_1,\ \lim x_2 = a_2,\ \ldots,\ \lim x_n = a_n.$$

§ 19. *Theorem. Die notwendige und hinreichende Bedingung dafür, daſs $f(x)$ bei der Annäherung des x an x_0 einer einzigen bestimmten und endlichen Grenze zustrebe, besteht darin, daſs sich nach willkürlicher Festsetzung einer Gröſse $k > 0$ eine Umgebung von x_0 derart bestimmen lasse, daſs die Differenz zwischen zwei beliebigen Werten, welche $f(x)$ in dieser Umgebung annimmt, kon-stant kleiner als k ist:*

$$u\,\varepsilon\,\mathrm{K}\,\mathrm{q}_n \,.\, x_0\,\varepsilon\,D u \,.\, f\varepsilon\,\mathrm{q}_m\, fu \,.\, \supset\, \therefore$$

$$\lim_{x,u,x_0} f(x)\,\varepsilon\,\mathrm{q}_m \,.\, = \,::\, k\,\varepsilon\,\mathrm{Q} \,.\, \supset_k \,\therefore\, h\,\varepsilon\,\mathrm{Q} : x_1,\ x_2\,\varepsilon\,u \frown (x_0 + \overline{\mathrm{m}}\,\Theta h)$$

$$\sim \iota x_0 \,.\, \supset_{x_1,\,x_2} \,.\, \mathrm{m}\,[f(x_1) - f(x_2)] < k :\, \sim\, =_h \Lambda.$$

Denn, wenn $f(x)$ gegen eine endliche Grenze a konvergiert, so läſst sich nach dem vorigen Satz eine Umgebung von x_0 derart bestimmen, daſs der Wert von $f(x)$ für jeden beliebigen Wert, den man x in dieser Umgebung beilegen kann, sich von a absolut um weniger als $k/2$ unterscheidet; legt man folglich dem x zwei Werte x_1 und x_2 in dieser Umgebung bei, so unterscheiden sich $f(x_1)$ und $f(x_2)$ von a um weniger als $k/2$ und voneinander mithin um weniger als k.

Wenn sich umgekehrt eine Umgebung von x_0 derart be-stimmen läſst, daſs die Differenz $f(x) - f(x_1)$, wenn man der Variabelen diese beiden Werte x_1 und x in der Umgebung zulegt, ihrem absoluten Wert nach kleiner als k ist, so folgt daraus, daſs $f(x)$ in der Kugel vom Centrum x_1 und Radius k enthalten ist; mithin ist ihre Grenzfigur in derselben Kugel enthalten. Da man aber k beliebig annehmen kann, so reduziert sich diese Grenz-figur, die in einer Kugel mit beliebig kleinem Radius enthalten ist, auf einen Punkt.

§ 20. Die Grenze $\lim_{x,y,x_0} f(x)$ hängt von der Beschaffenheit der Funktion $f(x)$ ab, von dem Wert x_0, gegen den man die unab-hängige Variabele x konvergieren läſst, und von der Klasse u der

Werte, die x beigelegt werden. Setzt man an die Stelle der Klasse u eine andere Klasse v, so kann sich die Grenze ändern. Selbstverständlich muſs x_0 ein Punkt der derivierten Klasse von u wie von v sein und die Funktion $f(x)$ muſs in der Klasse u wie in der Klasse v definiert sein; oder, nimmt man an

$$u, v\,\varepsilon\,\mathrm{K}\,\mathrm{q}_n\,.\,x_0\,\varepsilon\,Du\,.\,x_0\,\varepsilon\,Dv\,.\,f\,\varepsilon\,\mathrm{q}_m\mathrm{f}(u\smallsmile v),$$

so erhält man

$$u\bigcirc v\,.\,\bigcirc\,.\,\mathrm{Lim}_{x,\,u,\,x_0}f(x)\,\bigcirc\,\mathrm{Lim}_{x,\,v,\,x_0}f(x).$$

Ist die Klasse u in der Klasse v enthalten, so ist jeder Grenzwert von $f(x)$, wenn x in u gegen x_0 konvergiert, auch ein Grenzwert von $f(x)$, wenn x in v variiert.

Folglich: *Hat $f(x)$, wenn x in v variierend gegen x_0 konvergiert, einen (einzigen) Grenzwert, so gilt dasselbe auch, wenn $f(x)$ in u variiert, und die beiden Grenzwerte fallen zusammen.*

§ 21. Mit der vorigen Frage hängt die folgende zusammen:
Es sei $z = f(x, y)$ eine reelle Funktion der beiden reellen Variabelen x und y. Legt man x einen beliebigen Wert bei, so wird $f(x, y)$ eine Funktion von y allein, und man kann von ihrer Grenze für $y = y_0$, $\mathrm{Lim}_{y=y_0}f(x, y)$ sprechen; nimmt man an, diese Grenze sei eine bestimmte und endliche Gröſse, so hängt sie von dem Wert ab, der x gegeben wurde, und man kann daher von ihrer Grenze bei der Annäherung von x an x_0 reden, die mit

(a) $$\mathrm{Lim}_{x=x_0}\,\mathrm{Lim}_{y=y_0}f(x, y)$$

bezeichnet wird. Vertauscht man die Stelle der beiden Variabelen x und y, so erhält man die andere Grenze

(b) $$\mathrm{Lim}_{y=y_0}\,\mathrm{Lim}_{x=x_0}f(x, y).$$

Schlieſslich kann man eine Funktion zweier unabhängiger Variabelen $f(x, y)$ betrachten und das Paar (x, y) gegen das Paar (x_0, y_0) konvergieren lassen; man erhält so eine dritte Grenze

(c) $$\mathrm{Lim}_{x=x_0,\,y=y_0}f(x, y).$$

Wir haben schon gesehen, daſs die Grenzen (a) und (b) verschieden sein können. Man erkennt auch leicht, daſs jeder Grenzwert von $f(x, y)$, wenn man die Grenze auf die Art (a) ermittelt, auch ein Grenzwert in dem Sinn (c) ist; und ebenso ist jeder Grenzwert in Folge der Operation (b) auch ein Grenzwert im Sinn (c). Wenn folglich $f(x, y)$ als eine Funktion zweier unabhängiger Variabelen betrachtet wird und wenn sie bei der Annäherung von x an x_0 und von y an y_0 einem einzigen endlichen oder unendlich groſsen Grenzwert zustrebt, so ist dasselbe auch der Fall, wenn man zuerst bezüglich y, dann bezüglich x zur

Grenze übergeht oder zuerst bezüglich x und dann bezüglich y, und die drei Grenzen sind gleich.

§ 22. Es sei u eine begrenzte Kq_n und f eine $q_m f u$. Die Werte der Funktion f, welche den verschiedenen Punkten von u entsprechen, bilden eine Klasse von q_m, die mit $f(u)$ bezeichnet wird und die man *das Bild* der Figur u nennen kann.

Theorem I. Wenn u ein begrenztes System von Punkten ist und $f(x)$ einen Komplex von Ordnung m und eine Funktion der Punkte x in dem System u bedeutet und wenn die Klasse $f(u)$ unbegrenzt ist, alsdann kann man einen Punkt x_0 der derivierten Gruppe von u derart bestimmen, daß ∞ einer der Grenzwerte von $f(x)$ ist, falls x in u variierend gegen x_0 konvergiert.

$$u \varepsilon K q_n \,.\, 1' m u \varepsilon Q \,.\, f \varepsilon q_m f u \,.\, 1' m f(u) = \infty \,.\, \supset : x_0 \varepsilon D u \,.$$

$$\infty \,\varepsilon\, \mathrm{Lim}_{x,u,x_0} f(x) \,.\, \sim \; =_{x_0} \Lambda \,.$$

Denn zerlegt man die Menge u in zwei Teile u_1 und u_2, so ist es gleichbedeutend, ob man sagt, $f(u)$ sei unbegrenzt, oder ob man sagt, wenigstens eine der Mengen $f(u_1)$ und $f(u_2)$ sei unbegrenzt; d. h. die Eigenschaft „die Menge $f(u)$ ist unbegrenzt" ist eine distributive Eigenschaft der Menge u; und da die Menge u diese Eigenschaft hat und begrenzt ist, so folgt aus dem Cantor'schen Theorem, daß ein Punkt x_0 von Cu, d. h. der geschlossen gemachten Menge u existiert, so daß in jeder Umgebung von x_0 die Werte, welche $f(x)$ annimmt, eine unbegrenzte Menge bilden. Folglich hat x_0 in seiner Umgebung unendlich viele Punkte von u, oder $x_0 \varepsilon D u$, und ∞ ist ein Grenzwert von $f(x)$, wenn x gegen x_0 konvergiert.

Theorem II. Wenn u eine begrenzte Punktmenge und $f(x)$ ein Komplex von der m^{ten} Ordnung und eine Funktion der Punkte x der Menge u ist und wenn a einen Punkt der derivierten Gruppe der $f(u)$ bezeichnet, so läßt sich ein Punkt x_0 von Du derart bestimmen, daß a ein Grenzwert von $f(x)$ ist, falls x in u variierend gegen x_0 konvergiert.

$$u \varepsilon K q_n \,.\, 1' m u \varepsilon Q \,.\, f \varepsilon q_m f u \,.\, a \varepsilon D f(u) \,.\, \supset :$$

$$x_0 \varepsilon D u \,.\, a \varepsilon \mathrm{Lim}_{x,u,x_0} f(x) \,.\, \sim \; =_{x_0} \Lambda \,.$$

Denn, wenn u_1 und u_2 zwei Mengen sind, so hat man

$$f(u_1 \smallsmile u_2) = f(u_1) \smallsmile f(u_2)$$

und also

$$D f(u_1 \smallsmile u_2) = D f(u_1) \smallsmile D f(u_2),$$

oder

$$a \varepsilon D f(u_1 \smallsmile u_2) \,.\, = \,.\, a \varepsilon D f(u_1) \,.\, \smallsmile \,.\, a \varepsilon D f(u_2) \,.$$

Mithin ist die Eigenschaft: „a ist ein Punkt der derivierten Gruppe von $f(u)$", eine distributive Eigenschaft der Menge u; es ist festgestellt, daſs die gegebene Menge u sie besitzt; folglich muſs nach dem Cantor'schen Satz ein solcher Punkt x_0 von Cu existieren, daſs a ein Punkt der derivierten Gruppe der Werte ist, welche $f(x)$ in jeder Umgebung von x_0 annimmt. x_0 muſs daher ein Punkt von Du sein, und a ein Grenzwert von $f(x)$, wenn x gegen x_0 konvergiert.

Die vorstehenden Beweise lassen sich verallgemeinern. Es sei c eine distributive Eigenschaft der Punktmengen. Alsdann ist die Eigenschaft: „die Menge $f(u)$, d. h. das Bild der Menge u, hat die distributive Eigenschaft c" eine distributive Eigenschaft der Menge u. Mithin folgt, weil „eine unbegrenzte Menge zu sein" eine distributive Eigenschaft ist, daſs „das Bild der unbegrenzten Menge u zu sein" eine distributive Eigenschaft der Menge u ist. Und weil die Eigenschaft, „daſs der Punkt a eine Menge unter den Punkten der derivierten Gruppe hat", distributiv ist, so schlieſsen wir, daſs auch die Eigenschaft „daſs der Punkt a das Bild von u zum Punkt der derivierten Gruppe hat", eine distributive Eigenschaft der Menge u ist.

§ 23. Es sei u eine Kq_n, x_0 ein Punkt von u von der Beschaffenheit, daſs in seiner Umgebung unendlich viele Punkte von u existieren, d. h. also, es sei x_0 ein Punkt von u und von Du. Ferner möge f ein $\mathrm{q}_m\mathrm{f}u$ sein, d. h. ein Komplex von m Variabelen, welcher eine in der Menge u definierte Funktion von n Variabelen ist. Man sagt, $f(x)$ sei für $x = x_0$ *kontinuierlich*, wenn $\lim_{x, u, x_0} f(x) = f(x_0)$ ist, d. h. wenn die Grenze von $f(x)$, wofern x, in der Klasse u variierend, sich dem Werte x_0 nähert, $f(x_0)$ ist. Man sagt $f(x)$ sei *diskontinuierlich*, wenn es nicht kontinuierlich ist, d. h., wenn es bei der Annäherung des x an x_0 nicht einer bestimmten Grenze zustrebt, oder einer bestimmten Grenze sich wohl nähert, die aber von $f(x_0)$ verschieden ist.

Wenn dagegen x_0 ein Punkt von u, nicht aber von Du ist, oder wenn es ein Punkt von Du, nicht aber von u ist, alsdann kann weder von Stetigkeit noch von Unstetigkeit die Rede sein.

Eine Menge u kann mit ihrer eigenen Derivierten zusammenfallen; sie heiſst dann *perfekt*. So sind z. B. eine Kugel $x_0 + \overline{\mathrm{m}}\Theta h$ mit dem Centrum x_0 und dem Radius h, ein beliebiges Polyeder, wenn man unter den Punkten des Polyeders sowohl die im Innern als die auf der Oberfläche versteht, etc. perfekte Mengen. Ein Intervall mit Einschluſs der Enden ist eine perfekte Menge. Eine geschlossene Menge ohne isolierte Punkte ist perfekt.

Wenn u eine perfekte Menge ist, d. h., wenn $Du = u$ ist und wenn $f\varepsilon\,\mathrm{q}_m\mathrm{f}u$, so sagt man, f sei *in der ganzen Menge u kontinuierlich* und schreibt $f\varepsilon(\mathrm{q}_m\mathrm{f}u)$ contin., falls f für jeden Punkt von u kontinuierlich ist.

§ 24. *Theorem I. Wenn u eine begrenzte Menge vorstellt,
$f(x)$ einen Komplex, der eine in dieser Menge definierte Funktion
von x ist, und wenn k eine positive Größe von der Beschaffenheit
bezeichnet, daß sich, wie man auch die positive Größe h annehmen
möge, immer zwei Punkte x_1 und x_2 von u bestimmen lassen, deren
Abstand kleiner als h ist, und für welche die Differenz zwischen den
entsprechenden Werten der Funktion $f(x_1) - f(x_2)$ ihrem absoluten
Wert nach größer als k wird, alsdann existiert ein Punkt x_0 von
Cu, in dessen Umgebung sich immer zwei Werte x_1 und x_2 bestimmen lassen, welche $\mathrm{mod}\ [f(x_1) - f(x_2)] > k$ machen.*

$$u\,\varepsilon\,\mathrm{K}\mathrm{q}_n\ .\ 1'm\,u\,\varepsilon\,\mathrm{Q}\ .\ f\varepsilon\,\mathrm{q}_m\,fu\ .\ k\varepsilon\,\mathrm{Q}\ \therefore\ h\varepsilon\,\mathrm{Q}\ .\ \mathfrak{I}_h : x_1,\, x_2\,\varepsilon\,u\ .$$

$$\mathrm{m}(x_1 - x_2) < h\ .\ \mathrm{m}[f(x_1) - f(x_2)] > k\ .\ \sim\ =_{x_1,x_2}\Lambda\ \therefore\ \mathfrak{I}::$$

$$x_0\,\varepsilon\,Cu\ \therefore\ h\varepsilon\,\mathrm{Q}\ .\ \mathfrak{I}_h : x_1,\, x_2\,\varepsilon\,u\cap(x_0 + \overline{\mathrm{m}}\,\Theta h)\ .$$

$$\mathrm{m}[f(x_1) - f(x_2)] > k\ .\ \sim\ =_{x_1,x_2}\Lambda\ \therefore\ \sim\ =_{x_0}\Lambda\ .$$

Denn die Eigenschaft der Menge c, welche durch den Satz
ausgedrückt wird: „wie man auch die positive Größe h annehmen
möge, es lassen sich zwei Punkte x_1 und x_2, von denen wenigstens einer der Menge c angehört und deren Abstand voneinander
kleiner als h ist, derart bestimmen, daß die Differenz der entsprechenden Werte von $f(x)$ ihrem absoluten Wert nach größer
als k wird", ist eine distributive Eigenschaft der Menge c. Daraus
ergiebt sich bei Benutzung des Cantor'schen Theorems der obige Satz.

Wenn die Funktion $f(x)$ in der ganzen Menge u kontinuierlich ist und wenn wir, damit dies einen Sinn habe, die Menge
u als perfekt voraussetzen, d. h. $u = Du$, alsdann läßt sich,
wie man auch den Punkt x_0 in $u = Cu = Du$ annehmen möge,
immer eine Umgebung von x_0 derart bestimmen, daß der Unter-
schied zwischen zwei beliebigen Werten der Funktion in dieser
Umgebung seinem absoluten Wert nach kleiner als k wird; mithin
ist die Behauptung des vorigen Theorems nicht richtig; die Hypothese kann also nicht bestehen und es ergiebt sich:

*Theorem II. Wenn u eine begrenzte und perfekte Menge ist
und $f(x)$ eine für die Werte von x in der Menge u definierte und
stetige Funktion, und wenn k eine positive, willkürlich kleine Größe
bezeichnet, so läßt sich eine positive Größe h derart bestimmen, daß,
wie man auch die beiden Punkte x_1 und x_2 von u annehmen möge,
wenn nur ihr Abstand von einander kleiner als h ist, die Differenz
der entsprechenden Werte der Funktion ihrem absoluten Wert nach
kleiner (nicht größer) als k ist.*

$$u\,\varepsilon\,\mathrm{K}\mathrm{q}_n\ .\ 1'm\,u\,\varepsilon\,\mathrm{Q}\ .\ Du = u\ .\ f\varepsilon\,(\mathrm{q}_m fu)\ \mathrm{contin.}\ k\varepsilon\,\mathrm{Q}\ .\ \mathfrak{I}\ \therefore$$

$$h\varepsilon\,\mathrm{Q} : x_1,\, x_2\,\varepsilon\,u\ .\ \mathrm{m}(x_1 - x_2) < h\ .\ \mathfrak{I}_{x_1,x_2}\ .$$

$$\mathrm{m}[f(x_1) - f(x_2)] \leqq k : \sim\ =_h\Lambda\ .$$

Die hier erklärte Eigenschaft der kontinuierlichen Funktionen in einer ganzen Menge heißt *gleichmäßige Stetigkeit*. Der eben aufgestellte Satz deckt sich, wie man sieht, seinem Wesen nach mit dem vorigen, weil die Negation der gleichmäßigen Stetigkeit eine distributive, die gleichmäßige Stetigkeit aber eine antidistributive Eigenschaft ist.

Theorem III. Ist die Menge u begrenzt und perfekt und $f(x)$ ein Komplex und eine stetige Funktion von x in der Menge u, so ist die Menge, welche das Bild von u ist, d. h. $f(u)$, begrenzt und geschlossen; d. h. jeder Wert, welcher den Werten unendlich nahe liegt, die $f(x)$ bei dem Variieren von x in u annimmt, ist auch einer der Werte, die $f(x)$ annimmt.

$$u \varepsilon K q_n \,.\, \mathsf{l'} m u \varepsilon Q \,.\, Du = u \,.\, f\varepsilon (q_m f u) \text{ contin.} \,\supset\,.$$

$$\mathsf{l'} m f(u) \varepsilon Q \,.\, C f(u) = f(u).$$

Denn man setze das Unmögliche voraus, und lasse die Klasse $f(u)$ unbegrenzt sein; alsdann existiert nach Theorem I in § 22 ein solcher Wert x_0 von Du und mithin auch von u, daß $f(x)$ bei der Annäherung von x an x_0 unter seinen Grenzwerten auch unendlich hat; auf der anderen Seite ist aber, da $f(x)$ stetig ist, die Grenze von $f(x)$ bei der Annäherung von x an x_0 die endliche Größe $f(x_0)$; mithin ist $f(u)$ begrenzt.

Man nehme ferner das Unmögliche, daß a ein Punkt von $C f(u)$ aber nicht von $f(u)$ sei, als möglich an; a muß ein Punkt von Du sein, mithin existiert nach Theorem II in § 22 ein solcher Punkt x_0 von Du und daher auch von u, daß $a \varepsilon \operatorname{Lim}_{x, u, x_0} f(x)$; diese Grenze ist aber $f(x_0)$, es muß also $a = f(x_0)$ sein, d. h. aber, a ist im Widerspruch mit der Hypothese thatsächlich ein Wert, den $f(x)$ annimmt. Mithin ist jeder Punkt von $C f(u)$ ein Punkt von $f(u)$.

Theorem IV. Wenn die Punktmenge u begrenzt und perfekt ist, und wenn $f(x)$ eine relle und in der Menge u definierte und stetige Funktion von x ist, so sind die obere und untere Grenze der Werte, die $f(x)$ annimmt, endlich und sind Werte, die $f(x)$ annimmt; d. h. $f(x)$ wird in der That in der Menge u zu einem Maximum und einem Minimum:

$$u \varepsilon K q_n \,.\, \mathsf{l'} m u \varepsilon Q \,.\, Du = u \,.\, f\varepsilon (q f u) \text{ contin.} \,\supset\,.\, \mathsf{l'} f(u),\, \mathsf{l}_1 f(u) \,\varepsilon\, f(u).$$

Denn nach dem vorigen Theorem bilden die Werte, welche $f(x)$ erhält, ein begrenztes System von Zahlen; mithin sind die obere und untere Grenze dieses Zahlensystems endliche Zahlen. Sie sind ferner Werte von $C f(u)$ und daher nach dem vorigen Theorem Werte von $f(u)$.

———— •◆•—— ————

GLI

ELEMENTI DI CALCOLO GEOMETRICO

PER IL

Prof. G. PEANO

della R. Università di Torino, e R. Accademia Militare

TORINO

TIPOGRAFIA G. CANDELETTI

Via della Zecca, n. 11.

1891.

Titelseite mit Widmung von G. PEANO (aus dem Nachlaß von L. KRONECKER)

Sur une courbe, qui remplit toute une aire plane.

Par

G. Peano à Turin.

Dans cette Note on détermine deux fonctions x et y, uniformes et continues d'une variable (réelle) t, qui, lorsque t varie dans l'intervalle $(0, 1)$, prennent toutes les couples de valeurs telles que $0 \leq x \leq 1$, $0 \leq y \leq 1$. Si l'on appelle, suivant l'usage, *courbe continue* le lieu des points dont les coordonnées sont des fonctions continues d'une variable, on a ainsi un arc de courbe qui passe par tous les points d'un carré. Donc, étant donné un arc de courbe continue, sans faire d'autres hypothèses, il n'est pas toujours possible de le renfermer dans une aire arbitrairement petite.

Adoptons pour base de numération le nombre 3; appelons *chiffre* chacun des nombres 0, 1, 2; et considérons une suite illimitée de chiffres $a_1, a_2, a_3, \ldots$ que nous écrirons

$$T = 0, a_1 a_2 a_3 \ldots.$$

(Pour ce moment, T est seulement une suite de chiffres).

Si a est un chiffre, désignons par $\mathbf{k}a$ le chiffre $2 - a$, *complementaire* de a; c'est-à-dire, posons

$$\mathbf{k}0 = 2, \quad \mathbf{k}1 = 1, \quad \mathbf{k}2 = 0.$$

Si $b = \mathbf{k}a$, on deduit $a = \mathbf{k}b$; on a aussi $\mathbf{k}a \equiv a$ (mod. 2).

Désignons par $\mathbf{k}^n a$ le résultat de l'operation $\mathbf{k}$ répétée n fois sur a. Si n est pair, on a $\mathbf{k}^n a = a$; si n est impair, $\mathbf{k}^n a = \mathbf{k}a$. Si $m \equiv n$ (mod. 2), on a $\mathbf{k}^m a = \mathbf{k}^n a$.

Faisons correspondre à la suite T les deux suites

$$X = 0, b_1 b_2 b_3 \ldots, \quad Y = 0, c_1 c_2 c_3 \ldots,$$

où les chiffres b et c sont donnés par les rélations

$$b_1 = a_1, \quad c_1 = \mathbf{k}^{a_1} a_2, \quad b_2 = \mathbf{k}^{a_2} a_3, \quad c_2 = \mathbf{k}^{a_1 + a_3} a_4, \quad b_3 = \mathbf{k}^{a_2 + a_4} a_5, \ldots$$

$$b_n = \mathbf{k}^{a_2 + a_4 + \cdots + a_{2n-2}} a_{2n-1}, \quad c_n = \mathbf{k}^{a_1 + a_3 + \cdots + a_{2n-1}} a_{2n}.$$

Donc b_n, $n^{\text{ième}}$ chiffre de X, est égal à a_{2n-1}, $n^{\text{ième}}$ chiffre de rang impaire dans T, ou à son complementaire, selon que la somme $a_2 + \cdots + a_{2n-2}$ des chiffres de rang pair, qui le precedent, est paire ou impaire. Analoguement pour Y. On peut aussi écrire ces rélations sous la forme:

$$a_1 = b_1, \quad a_2 = \mathbf{k}^{b_1} c_1, \quad a_3 = \mathbf{k}^{c_1} b_2, \quad a_4 = \mathbf{k}^{b_1 + b_2} c_2, \ldots,$$

$$a_{2n-1} = \mathbf{k}^{c_1 + c_2 + \cdots + c_{n-1}} b_n, \quad a_{2n} = \mathbf{k}^{b_1 + b_2 + \cdots + b_n} c_n.$$

Si l'on donne la suite T, alors X et Y résultent déterminées, et si l'on donne X et Y, la T est déterminée.

Appelons *valeur* de la suite T la quantité (analogue à un nombre décimal ayant même notation)

$$t = \text{val.}\ T = \frac{a_1}{3} + \frac{a_2}{3^2} + \cdots + \frac{a_n}{3^n} + \cdots.$$

A chaque suite T correspond un nombre t, et l'on a $0 \leq t \leq 1$. Réciproquement les nombres t, dans l'intervalle $(0, 1)$ se divisent en deux classes:

α) Les nombres, différents de 0 et de 1, qui multipliès par une puissance de 3 donnent un entier; il sont représentés par deux suites, l'une

$$T = 0,\ a_1 a_2 \ldots a_{n-1} a_n\, 2\, 2\, 2 \ldots$$

où a_n est égal à 0 ou à 1; l'autre

$$T' = 0,\ a_1 a_2 \ldots a_{n-1} a_n'\, 0\, 0\, 0 \ldots$$

où $a_n' = a_n + 1$.

β) Les autres nombres; ils sont représentés par une seule suite T.

Or la correspondence établie entre T et (X, Y) est telle que si T et T' sont deux suites de forme différente, mais val. $T = \text{val.}\ T'$, et si X, Y sont les suites correspondantes à T, et X', Y' celles correspondantes à T', on a

$$\text{val.}\ X = \text{val.}\ X',\quad \text{val.}\ Y = \text{val.}\ Y'.$$

En effet considérons la suite

$$T = 0,\ a_1 a_2 \ldots a_{2n-3} a_{2n-2} a_{2n-1} a_{2n}\, 2\, 2\, 2\, 2 \ldots$$

où a_{2n-1} et a_{2n} ne sont pas toutes deux égales à 2. Cette suite peut réprésenter tout nombre de la classe α. Soit

$$X = 0,\ b_1 b_2 \ldots b_{n-1} b_n b_{n+1} \ldots$$

on a:

$$b_n = \mathbf{k}^{a_2 + \cdots + a_{2n-2}} a_{2n-1},\quad b_{n+1} = b_{n+2} = \cdots = \mathbf{k}^{a_2 + \cdots + a_{2n-2} + a_{2n}}\, 2.$$

Soit T' l'autre suite dont la valeur coincide avec val. T,

$$T' = 0,\ a_1 a_2 \ldots a_{2n-3} a_{2n-2} a_{2n-1}' a_{2n}'\, 0\, 0\, 0\, 0 \ldots$$

et

$$X' = 0,\ b_1 \ldots b_{n-1} b_n' b_{n+1}' \ldots.$$

Les premiers $2n - 2$ chiffres de T' coincident avec ceux de T; donc les premiers $n - 1$ chiffres de X' coincident aussi avec ceux de X; les autres sont déterminés par les rélations

$$b_n' = \mathbf{k}^{a_2 + \cdots + a_{2n-2}} a_{2n-1}',\quad b_{n+1}' = b_{n+2}' = \cdots = \mathbf{k}^{a_2 + \cdots + a_{2n-2} + a_{2n}'}\, 0.$$

Nous distinguerons maintenant deux cas, suivant que $a_{2n} < 2$, ou $a_{2n} = 2$.

Si a_{2n} a la valeur 0 ou 1, on a $a'_{2n} = a_{2n} + 1$, $a'_{2n-1} = a_{2n-1}$, $b'_n = b_n$,

$$a_2 + a_4 + \cdots + a_{2n-2} + a'_{2n} = a_2 + \cdots + a_{2n-2} + a_{2n} + 1,$$

d'où

$$b'_{n+1} = b'_{n+2} = \cdots = b_{n+1} = b_{n+2} = \cdots = k^{a_2 + \cdots + a_{2n}} 2.$$

Dans ce cas les deux séries X et X' coincident en forme et en valeur.

Si $a_{2n} = 2$, on a $a_{2n-1} = 0$ ou 1, $a'_{2n} = 0$, $a'_{2n-1} = a_{2n-1} + 1$, et en posant

$$s = a_2 + a_4 + \cdots + a_{2n-2}$$

on a

$$b_n = k^s a_{2n-1}, \quad b_{n+1} = b^{n+2} = \cdots = k^s 2,$$
$$b'_n = k^s a'_{2n-1}, \quad b'_{n+1} = b'_{n+2} = \cdots = k^s 0.$$

Or, puisque $a'_{2n-1} = a_{2n-1} + 1$, les deux fractions $0, a_{2n-2} 222\ldots$ et $0, a'_{2n-1} 0\,0\,0 \ldots$ ont la même valeur; en faisant sur les chiffres la même opération k^s on obtient les deux fractions $0, b_n b_{n+1} b_{n+2} \ldots$ et $0, b'_n b'_{n+1} b'_{n+2} \ldots$, qui ont aussi, comme l'on voit facilement, la même valeur; donc les fractions X et X', bien que de forme différente, ont la même valeur.

Analoguement on prouve que val. $Y = $ val. Y'.

Donc si l'on pose $x = $ val. X, et $y = $ val. Y, on déduit que x et y sont deux fonctions uniformes de la variable t dans l'intervalle $(0, 1)$. Elles sont continues; en effet si t tend à t_0, les $2n$ premiers chiffres du développement de t finiront par coincider avec ceux du développement de t_0, si t_0 est un β, ou avec ceux de l'un des deux développements de t_0, si t_0 est un α; et alors les n premiers chiffres de x et y correspondantes à t coincideront avec ceux des x, y correspondantes à t_0.

Enfin à tout couple (x, y) tel que $0 \leq x \leq 1$, $0 \leq y \leq 1$ correspond au moins un couple de suites (X, Y), qui en expriment la valeur; à (X, Y) correspond une T, et à celle-ci t; donc on peut toujours déterminer t de manière que les deux fonctions x et y prennent des valeurs arbitrairement données dans l'intervalle $(0, 1)$.

On arrive aux mêmes consequences si l'on prend pour base de numération un nombre impaire quelconque, au lieu de 3. On peut prendre aussi pour base un nombre pair, mais alors il faut établir entre T et (X, Y) une correspondence moins simple.

On peut former un arc de courbe continue qui remplit entièrement un cube. Faisons correspondre à la fraction (en base 3)

$$T = 0, \; a_1 a_2 a_3 a_4 \ldots$$

les fractions

$$X = 0, b_1 b_2 \ldots, \quad Y = 0, c_1 c_2 \ldots, \quad Z = 0, d_1 d_2 \ldots$$

où

$$b_1 = a_1, \quad c_1 = \mathbf{k}^{b_1} a_2, \quad d_1 = \mathbf{k}^{b_1 + c_1} a_3, \quad b_2 = \mathbf{k}^{c_1 + d_1} a_4, \ldots$$

$$b_n = \mathbf{k}^{c_1 + \cdots + c_{n-1} + d_1 + \cdots + d_{n-1}} a_{3n-2},$$

$$c_n = \mathbf{k}^{d_1 + \cdots + d_{n-1} + b_1 + \cdots + b_n} a_{3n-1},$$

$$d_n = \mathbf{k}^{b_1 + \cdots + b_n + c_1 + \cdots + c_n} a_{3n}.$$

On prouve que $x = \text{val.} X$, $y = \text{val.} Y$, $z = \text{val.} Z$ sont des fonctions uniformes et continues de la variable $t = \text{val.} T$; et si t varie entre 0 et 1, x, y, z prennent tous les ternes de valeurs qui satisfont aux conditions $0 \leq x \leq 1$, $0 \leq y \leq 1$, $0 \leq z \leq 1$.

M. Cantor, (Journal de Crelle, t. 84, p. 242) a démontré qu'on peut établir une correspondence univoque et réciproque (unter gegenseitiger Eindeutigkeit) entre les points d'une ligne et ceux d'une surface. Mais M. Netto (Journal de Crelle, t. 86, p. 263), et d'autres ont démontré qu'un telle correspondence est nécessairement discontinue. (Voir aussi G. Loria, *La definizione dello spazio ad n dimensioni* ... *secondo le ricerche di G. Cantor*, Giornale di Matematiche, 1877). Dans ma Note on démontre qu'on peut établir d'un coté l'uniformité et la continuité, c'est-à-dire, aux points d'une ligne on peut faire correspondre les points d'une surface, de façon que l'image de la ligne soit l'entière surface, et que le point sur la surface soit fonction continue du point de la ligne. Mais cette correspondence n'est point univoquement réciproque, car aux points (x, y) du carré, si x et y sont des β, correspond bien une seule valeur de t, mais si x, ou y, on toutes les deux sont des α, les valeurs correspondantes de t sont en nombre de 2 ou de 4.

On a démontré qu'on peut enfermer un arc de courbe plane continue dans une aire arbitrairement petite:

1) Si l'une des fonctions, p. ex. la x coincide avec la variable independente t; on a alors le théorème sur l'integrabilité des fonctions continues.

2) Si les deux fonctions x et y sont à variation limitée (Jordan, Cours d'Analyse, III, p. 599). Mais, comme démontre l'exemple précédent, cela n'est pas vrai si l'on suppose seulement la continuité des fonctions x et y.

Ces x et y, fonctions continues de la variable t, manquent toujours de dérivée.

Turin, Janvier 1890.

MATHEMATISCHE ANNALEN.

IN VERBINDUNG MIT C. NEUMANN

BEGRÜNDET DURCH

RUDOLF FRIEDRICH ALFRED CLEBSCH.

Unter Mitwirkung der Herren

Prof. P. Gordan zu Erlangen, Prof. C. Neumann zu Leipzig,
Prof. K. VonderMühll zu Basel

gegenwärtig herausgegeben

von

Prof. **Felix Klein**
zu Göttingen.

Prof. **Walther Dyck**
zu München.

Prof. **Adolph Mayer**
zu Leipzig.

XXXVII. Band.

LEIPZIG,

DRUCK UND VERLAG VON B. G. TEUBNER.
1890.

Démonstration de l'intégrabilité des équations différentielles ordinaires.

Par

G. Peano à Turin.

Soit donné le système d'équations différentielles, ramené à la forme normale:

$$\frac{dx_1}{dt} = \varphi_1(t, x_1, \ldots, x_n),$$

$$\cdot \quad \cdot \quad \cdot \quad \cdot \quad \cdot \quad \cdot \quad \cdot \quad \cdot$$

$$\frac{dx_n}{dt} = \varphi_n(t, x_1, \ldots, x_n),$$

où les $\varphi_1, \ldots, \varphi_n$ sont des fonctions continues aux environs de $t = b$, $x_1 = a_1, \ldots, x_n = a_n$. Dans cette Note on prouve que l'on peut déterminer un intervalle (b, b'), et, dans cet intervalle, n fonctions $x_1 \ldots x_n$ de t, qui satisfont aux équations données, et qui, pour $t = b$, prennent les valeurs $a_1 \ldots a_n$.*)

Toute la démonstration est réduite ici en formules de Logique, analogues aux formules d'Algèbre; car, bien qu'elle ne soit pas difficile, son développement complet avec le langage ordinaire serait d'une complication excessive.

Dans la première partie on explique les notations introduites, et l'on développe quelque théorie dont dans la suite on doit faire usage. La deuxième partie contient la démonstration du théorème.

---

*) La démonstration de l'intégrabilité des équations différentielles, indépendente de la théorie des imaginaires, laquelle exige des conditions restrictives speciales, a été donnée par Cauchy, et (incomplétement) publiée par Moigno *Leçons de calcul diff. et de calcul intégral*, 1844, Vol. 2^0, p. 385—454 et 513—534. Elle suppose l'existence et la continuité des dérivées partielles des φ par rapport aux x. Elle a été ensuite donnée par diverses auteurs, sous des conditions restrictives quelque peu différentes, et dont nous parlerons dans la suite.

Première partie.

§ a.

Explication des signes

K (*classe*), $\frown$ (*et*), $\smile$ (*ou*), $-$ (*non*), ε (*est*), $=$ (*est égal*), $\bigcirc$ (*est contenu ou on déduit*), Λ (*rien ou absurde*).*)

1. Nous écrirons K au lieu du mot *classe* (variété, ensemble d'êtres quelconques, *Klasse*).

   Si a, b, c sont des K, alors:

2. $a \frown b \frown c$ signifie «la classe commune à a, b, c».

3. abc ,,   «$a \frown b \frown c$» lorsqu'il n'y a pas d'ambiguité à craindre.

4. $a \smile b \smile c$,,   «la plus petite classe contenante les a, b et c».

5. $- a$,,   «la classe des non a».

6. $x \varepsilon a$,,   «x est un a».

7. $x, y \varepsilon a$,,   «x et y sont des a».

8. $a = b$,,   «les classes a et b sont identiques».

9. $a \bigcirc b$,,   «la a est contenue dans la b» ou «tout a est b».

10. Λ ,,   «rien» ou «la classe nulle». Ainsi $ab = \Lambda$ signifie «nul a est b».

    Si a, b, c sont des propositions, alors

11. $a \frown b \frown c$ signifie «l'affirmation simultanée des propositions a, b, c».

12. abc ,,   «$a \frown b \frown c$».

13. $a \smile b \smile c$,,   «une au moins des a, b, c est vraie».

14. $- a$,,   «la négation de a». Si la proposition a contient un des signes de relation $\bigcirc, =, \varepsilon$, etc. il est plus commode d'écrire le signe de négation $-$ avant le signe de relation. Ainsi nous écrirons $a - = b$ au lieu de $-(a = b)$, et $x - \varepsilon a$ au lieu de $-(x \varepsilon a)$ ou $x \varepsilon - a$. Ainsi, si a et b sont des K, $ab - = \Lambda$ signifie «quelque a est b».

---

*) On doit à Boole l'étude des opérations et relations de Logique. Ces questions ont été ensuite étudiées par plusieurs Auteurs. Voir l'intéressant ouvrage

E. Schröder, *Vorlesungen über die Algebra der Logik* (*Exacte Logik*), Leipzig, 1890;

dont le premier volume vient de paraître.

J'ai déjà réduit en formules les propositions de quelques théories, dans mes

Arithmetices principia, nova methodo exposita, Turin 1889;

Principii di Geometria, logicamente esposti, Turin 1889;

Les propositions du cinquième livre d'Euclide, réduites en formules, (Mathesis, t. X);

publications auxquelles je renvoie le Lecteur pour des plus amples explications. Le signe ε est la lettre initiale de ἐστί; les signes $\bigcirc$ et Λ sont les initiales renversées des mots *contient* et *vrai*.

15. $a = b$ signifie « les propositions a et b sont équivalentes ».

16. $a \supset b$ „   « de la a on déduit b » ou « si a, alors b ».

17. Λ „   « absurde ». Ainsi $a - b = \Lambda$ signifie $a \supset b$.

Si a, b sont des propositions contenantes des lettres indéterminées $x, y, \ldots$ alors :

18. $a \supset_x b$ signifie « quelque soit x, de a on déduit b ».

19. $a \supset_{x,y} b$ „   « Si x, y satisfont à la a, ils satisfont aussi à la b ».

20. $a =_x b$ „   « pour toutes les valeurs de x, les propositions a et b sont équivalentes ».

21. $a -=_x \Lambda$ signifie « la condition a n'est pas, en regard de x, absurde » ou « il y a des x qui satisfont à la condition a ».

Nous séparerons les différentes parties d'une formule au moyen des parenthèses, selon l'usage. Mais, pour séparer les propositions partielles d'un théorème, on adoptera les points . : ∴ : : etc. Pour lire une formule divisée par des points, on unira d'abord les signes qui ne sont pas séparés par des points, puis ceux qui le sont par un, puis ceux qui le sont par deux, etc. Ainsi

$$a b . c d : e f . g \therefore h . k l \text{ signifie } \{[(ab)(cd)] [(ef)g]\} [h(kl)].$$

Lorsqu'une formule n'est pas contenue dans une seule ligne, elle se continue dans la suivante, un peu à droite.

Exemples.

1. $3 \; \varepsilon$ « Nombre premier ».

2.   « Multiple de 6 » $\supset$ « Multiple de 2 ».

3.   « Multiple de 6 » $=$ « Multiple de 2 » $\cap$ « Multiple de 3 ».

Dans les exemples suivants, au lieu des mots « quantité réelle » nous écrirons q. (Voir le § b).

4. $a, b \; \varepsilon \; q . \supset . \, ab = ba$.

« Si a et b sont des quantités (réelles), on a $ab = ba$ ». Ici les points divisent la proposition en hypothèse, signe de deduction, et thèse.

5. $a, b \; \varepsilon \; q . a^2 + b^2 = 0 : \supset : a = 0 . b = 0$.

6. $a, b \; \varepsilon \; q . ab = 0 : \supset : a = 0 . \cup . b = 0$.

7. $a, b, c \; \varepsilon \; q . c - = 0 : \supset : ac = bc . = . a = b$.

Dans les ex. 5, 6, 7 les : divisent les propositions en trois parties ; les hypothèses et thèses sont complexes ; la thèse de 7 est l'égalité logique entre deux égalités algébriques.

Quelquefois il convient de considérer la formule ternaire $a \supset b$ comme un composé binaire de a et $\supset b$, ou de $a \supset$ et b.

8. $a, b, x, y \; \varepsilon \; q . \supset \therefore x + y = a . x - y = b : = : 2x = a + b . 2y = a - b$.

Ici le signe $\therefore$ décompose la proposition en deux parties; la première est formée de l'hypothèse et du signe de deduction. La partie qui suit $\therefore$ est la thèse; elle est décomposée par les : en trois parties, les deux membres d'une égalité logique, et le signe d'égalité.

9. $a, b, c, a', b', c' \, \varepsilon \, q : x \, \varepsilon \, q \, . \, \supset_x . \, a\,x^2 + bx + c = a'x^2 + b'x + c'$
$$\therefore \supset : a = a' \, . \, b = b' \, . \, c = c'.$$

«Étant a, b, c, a', b', c' des nombres, si, quelque soit le nombre x, les deux trinômes $ax^2 + \cdots$ et $a'x^2 + \cdots$ sont égaux, alors $\ldots$».

10. $a, b \, \varepsilon \, q \, . \, \supset :: x \, \varepsilon \, q \, . \, x^2 + ax + b = 0 : \!-\! =_x \Lambda \therefore = \cdot a^2 - 4b \geq 0.$

«Si a et b sont des nombres réels, la condition nécessaire et suffisante pour l'existence d'une racine réelle de l'équation $x^2 + ax + b = 0$ est $a^2 - 4b \geq 0$».

11. $a, b, a', b' \, \varepsilon \, q \, . \, \supset \therefore x, y \, \varepsilon \, q \, . \, ax + by = 0 \, . \, a'x + b'y = 0 : x$
$$-\! = 0 \, . \, \cup \, . \, y -\! = 0 \therefore -\! =_{x,y} \Lambda :: = \cdot ab' - a'b = 0.$$

12. $a, b, c \, \varepsilon \, q \, . \, a > 0 \, . \, l \, \varepsilon \, q : \supset \therefore m \, \varepsilon \, q \therefore x \, \varepsilon \, q \, . \, x > m : \supset_x . \, ax^2$
$$+ \, bx + c > l :: -\! =_m \Lambda \cdot$$

«Soient a, b, c des quantités, dont la première positive; soit l une nouvelle quantité. Alors il existe un nombre m tel que, pour toutes les valeurs de x supérieures à m, soit $ax^2 + bx + c > l$»; ou «$ax^2 + bx + c$ devient infini en même temps que x».

Les notations ci dessus expliquées suffisent pour exprimer toutes les relations de logique entre individus, classes et propositions, lesquelles dans le langage commun sont representés par un très grand nombre de mots. Toutes les propositions d'une science quelconque peuvent s'exprimer au moyen de ces notations, et des mots qui représentent les êtres de cette science. Elles seules suffisent pour exprimer les propositions de Logique pure. Nous en écrirons ici quelques unes, comme exercice:

1. $a \, \varepsilon \, K \, . \, \supset \, . \, a \supset a \qquad \{\text{quod est, est}\},$

2. $a, b, c \, \varepsilon \, K \, . \, a \supset b \, . \, b \supset c : \supset . \, a \supset c \qquad \{\text{syllogisme}\},$

3. $a \, \varepsilon \, K \, . \, \supset : aa = a \, . \, a \cup a = a \, . \, -(-a) = a \, . \, a - a = \Lambda \, . \, a \Lambda = \Lambda \, .$
$$a \cup \Lambda = a.$$

4. $a, b \, \varepsilon \, K \, . \, \supset : ab = ba \, . \, a \cup b = b \cup a \, . \, ab \supset a \, . \, a \supset a \cup b \, . \, -(a \cap b)$
$$= (-a) \cup (-b) \, . \, -(a \cup b) = (-a) \cap (-b).$$

5. $a, b, c \, \varepsilon \, K \, . \, \supset : (ab)c = a(bc) = abc \, . \, (a \cup b) \cup c = a \cup (b \cup c) = a \cup b \cup c \, .$
$$a \cap (b \cup c) = (a \cap b) \cup (a \cap c) \, . \, a \cup (b \cap c) = (a \cup b) \cap (a \cup c).$$

6. $a, b \, \varepsilon \, K \, . \, \supset \therefore a \supset b \, . \, = : x \, \varepsilon \, a \, . \, \supset_x . \, x \, \varepsilon \, b.$

La correspondance entre les signes $\cap$, $\cup$, ε, $\ldots$ et les mots *et*, *ou*, *est*, $\ldots$ est seulement approchée; car les signes ont toujours la même signification, ce qui n'est pas des mots dans le langage commun.

§ b.

Signes Q, q, θ, $t_0{}^-t_1$, q_n, m.

Nous poserons:

1. Q = «quantité positive» ou «nombre positif».
2. q = «nombre réel fini».
3. θ = «les nombres x qui satisfont à la condition $0 \leq x \leq 1$».
4. $t_0{}^-t_1$, où t_0 et t_1 sont deux q, = «les nombres compris entre t_0 et t_1, où égaux à l'une des limites». P. ex. on a $\theta = 0{}^-1$.
5. q_n = «nombre complexe d'ordre n».*)

On appelle nombre complexe d'ordre n le système de n nombres réels. Nous désignerons par $(x_1, x_2, \ldots, x_n)$ le complexe formé des nombres x_1, x_2, $\ldots$, x_n, qui s'appellent les élements du complexe. On définit l'égalite de deux complexes $x = (x_1, x_2, \ldots, x_n)$ et $y = (y_1, y_2, \ldots, y_n)$, leur somme et différence, le produit du complexe x par un nombre réel a, le complexe 0, et le *module*, mod x ou mx, du complexe x, comme il suit:

6. $x = y. \; = : x_1 = y_1. \; x_2 = y_2, \ldots, x_n = y_n.$
7. $x \pm y = (x_1 \pm y_1, x_2 \pm y_2, \ldots, x_n \pm y_n).$
8. $ax = (ax_1, ax_2, \ldots, ax_n).$
9. $0 = (0, 0, \ldots, 0).$
10. $\mathrm{m}x = + \sqrt{x_1{}^2 + x_2{}^2 + \cdots + x_n{}^2}.$**)

Si $x \, \varepsilon \, q$, mx représente sa valeur absolue.

Les plus importantes propriétés des nombres complexes sont données par les formules suivantes:

11. $x \, \varepsilon \, q_n \cdot \supset \cdot x = x.$
12. $x, y \, \varepsilon \, q_n \cdot x = y : \supset \cdot y = x.$
13. $x, y, z \, \varepsilon \, q_n \cdot x = y \cdot y = z : \supset \cdot x = z.$
14. $x, y \, \varepsilon \, q_n \cdot \supset \cdot x + y \, \varepsilon \, q_n.$

---

*) Ici les nombres complexes sont introduits seulement pour simplifier les formules, car ils permettent d'écrire une lettre seule et une équation seule au lieu de n lettres ou de n équations. Des propriétés énoncées quelques unes sont évidentes; les autres sont démontrées dans ma Note *Intégration par séries des équations différentielles linéaires*, Math. Ann. XXXII, p. 450.

**) On pourrait aussi définir par mx, la plus grande des valeurs absolues des élements de x; alors les propriétes des modules sont presqu' évidentes.

15. $x, y \, \varepsilon \, q_n . \supset . x + y = y + x.$

16. $x, y, z \, \varepsilon \, q_n . \supset . (x+y) + z = x + (y+z) = x + y + z.$

17. $x, y, z \, \varepsilon \, q_n . x = y : \supset . x + z = y + z.$

18. $x \, \varepsilon \, q_n . a \, \varepsilon \, \dot{q} : \supset . ax \, \varepsilon \, q_n .$

19. $x, y \, \varepsilon \, q_n . a \, \varepsilon \, q : \supset . a(x+y) = ax + ay.$

20. $x \, \varepsilon \, q_n . a, b \, \varepsilon \, q : \supset . (a+b)x = ax + bx.$

21. $\qquad\quad \text{,,} \qquad\qquad : \supset . b(ax) = (ba)x = bax.$

22. $x \, \varepsilon \, q_n . \supset : x' - x = 0 . x + 0 = x . 1x = x.$

23. $x \, \varepsilon \, q_n . \supset : mx \, \varepsilon \, \dot{Q} . \cup . mx = 0.$

24. $x, y \, \varepsilon \, q_n . \supset . m(x+y) \leq mx + my,$

25. $a \, \varepsilon \, q . x \, \varepsilon \, q_n : \supset m(ax) = (ma)(mx).$

26. $m0 = 0.$

On définit aussi la limite a d'un complexe variable x, et l'on a:

27. $\lim x = a . = . \lim m(x - a) = 0.$

On définit la dérivée d'un complexe x fonction d'un variable réelle t, et l'on a:

28. $\dfrac{d}{dt} \, mx \leq m \, \dfrac{dx}{dt}.$

§ c.

Fonctions; inversion.

1. Dans la formule $f(x)$, ou fx, pour désigner une fonction de x, la lettre f s'appelle *signe* (ou *caractéristique*) *de fonction*.

2. Si a et b sont des K, par b/a nous indiquerons «les signes de fonction qui à chaque a font correspondre un b», ou «les représentations (*Abbildungen*) des a dans les b».

3. Si a, b sont des K, et $f \, \varepsilon \, b/a$, nous indiquerons, avec M. Dedekind*) par $\overline{f}$ le signe de la *fonction inverse* (*umgekehrte Abbildung*) de f. Donc, si $y \, \varepsilon \, b$, $\overline{f}y$ désigne la classe des x qui satisfont à la condition $y = fx$. On a:

$$y = fx . = . x \, \varepsilon \, \overline{f} \, y.$$

Lorsqu'il y a un seul x qui satisfait à la relation $y = fx$, ce qui arrive pour les *représentations semblables* (*ähnliche Abbildungen*), on a

$$y = fx . = . x = \overline{f} \, y.$$

-----

*) *Was sind und was sollen die Zahlen*, Braunschweig 1888, p. 8. L'Auteur adopte l'inversion seulement pour les représentations semblables. Dans mes *Arith. principia* et *Principii di Geom.* par commodité typographique, au lieu de $\overline{f}$, j'écris $[f]$.

13*

4. En appliquant l'inversion à l'opération indiquée par m (module), si p est une Q, $\overline{m}p$ indique les complexes d'ordre quelconque dont le module est p.

$$p \, \varepsilon \, Q \, . \, x \, \varepsilon \, q_n : \supset : m \, x = p \, . \, = \, . \, x \, \varepsilon \, \overline{m} \, p.$$

Pour indiquer «les complexes d'ordre n et de module p» il suffit d'écrire $q_n \cap \overline{m}p$; mais nous écrirons seulement $\overline{m}p$, car dans cette Note il s'agit toujours des complexes du même ordre.

5. Si p est une proposition contenante une lettre (variable) x, il résulte déterminée une classe s formée des individus x qui verifient la condition p; et l'on a

$$x \, \varepsilon \, s \, . \, = \, . \, p.$$

Considérons le signe «$x \, \varepsilon$» comme un signe de fonction; on peut résoudre cette égalité par rapport à s, et l'on a

$$s = \overline{x \, \varepsilon} \, p.$$

Donc, $\overline{x \, \varepsilon} \, p$ signifie «les x qui satisfont à la condition p» ou «les racines de l'équation p».

Par ex. la déf. 3. du § b s'énonce

$$\theta = q \cap \overline{x \, \varepsilon} \, (0 \leq x \leq 1).$$

La déf. 3 de ce § s'énonce:

$$a, b \, \varepsilon \, K \, . \, f \, \varepsilon \, b/a \, . \, y \, \varepsilon \, b : \supset . \, \overline{f} \, y = \overline{x \, \varepsilon} \, (y = fx).$$

6. Si $a, b \, \varepsilon \, K$, et $f \, \varepsilon \, b/a$, si s est une K contenue dans a, alors, suivant M. Dedekind*), fs indique la classe des b qui sont l'f de quelque s; en signes:

$$a, b, s \, \varepsilon \, K \, . \, f \, \varepsilon \, b/a \, . \, s \supset a : \supset . \, fs = \overline{y \, \varepsilon} \, [x \, \varepsilon \, s \, . \, y = fx : - \, = _x \Lambda].$$

Nous généralisons un peu cette notation; si dans une formule qui contient dans une seule place une lettre x, nous substituons à x le nom a d'une classe, on obtient l'ensemble des valeurs de cette formule, lorsque x prend toutes les valeurs de la classe a.

Exemples:

$$a \, \varepsilon \, q \, . \supset . \, a + Q = \text{«les nombres supérieurs à } a\text{»},$$
$$\text{„} \quad a - Q = \text{«les nombres inférieurs à } a\text{»},$$
$$\text{„} \quad a \pm Q = q \cap \overline{x \, \varepsilon} \, [x > a \, . \, \cup \, . \, x < a],$$
$$a, b \, \varepsilon \, q \, . \, a < b : \supset . \, (a + Q) \cap (b - Q) = q \cap \overline{x \, \varepsilon} \, (a < x < b).$$

Il faut distinguer $(a + Q) \cap (b - Q)$ de $a^- b$, défini dans le §b, prop. 4:

$$a, b \, \varepsilon \, q \, . \supset . \, a^- b = a + \theta (b - a).$$

Ces deux expressions représentent l'intervalle (a, b) l'une sans, l'autre avec les points extrêmes.

---

*) Ib. p. 6.

7. Si a est une classe, par la convention précédente, Ka, ou $K \cap a$ représente l'ensemble des classes xa, ou x est une K quelconque. Mais, en variant x, xa représente toute classe contenue dans a; donc

$$a \, \varepsilon \, K \, . \, \cap \, . \, Ka = \text{«classes contenues dans } a\text{» ou «classes de } a\text{».}$$

Ainsi Kq signifie «classe de q»; et Kq_n signifie «ensemble de q_n» ou « Punktmenge».

Par la répétition du signe K on obtient KKq_n (dont nous nous servons seulement dans §e P 9 (4) et (5)) qui signifie «classe de classes de q_n» ou «nom commun de plusieurs ensembles de points» ou «propriété que des ensembles de points peuvent avoir».

8. Si le signe f fait correspondre, à chaque individu de la classe a, une classe de b, et si s est une classe contenue dans a, alors fs indique la classe des b qui sont un f de quelque s; en signes

$$a, b \, \varepsilon \, K \, . \, f \, \varepsilon \, (Kb)/a \, . \, s \, \varepsilon \, Ka : \cap \, . \, fs = \overline{y \, \varepsilon} \, [x \, \varepsilon \, s \, . \, y \, \varepsilon \, fx : - =_x \Lambda].$$

Ainsi, si $a \, \varepsilon \, KQ$, $\overline{m}a$ signifie «les q_n qui ont pour module quelque a».

$$x \, \varepsilon \, q_n \, . \, p \, \varepsilon \, Q : \cap \, . \, x + \overline{m} \, \theta p = x + \theta \overline{m} p = \text{«les } q_n \text{ dont la différence}$$
$$\text{à } x \text{ a un module non supérieur à } p\text{».}$$

$$x \, \varepsilon \, q_n \, . \, p, p' \, \varepsilon \, Q \, . \, y \, \varepsilon \, x + \theta \overline{m} p \, . \, z \, \varepsilon \, y + \theta \overline{m} p' : \cap \, . \, z \, \varepsilon \, x + \theta \overline{m}(p + p').$$

<h2 style="text-align:center">§ c'.</h2>

<h3 style="text-align:center">Observations sur le § c.</h3>

1. Dans le § précédent nous avons introduit quelques notations, et expliqué les cas particuliers, dont on fera usage dans cette Note. Mais il n'est pas inutile de donner quelques autres explications sur cette importante théorie.

L'idée de fonction (correspondance, opération) est primitive; on peut la considérer comme appartenante à la Logique. Comme exemple pris du langage commun, posons $h = $ «homme», $p = $ «le père de»; on a $p \, \varepsilon \, h/h$.

Dans l'Analyse on a $\log \varepsilon \, q/Q$, $\sin \varepsilon \, q/q$; mais on n'a pas $\tan \varepsilon \, q/q$, car $\tan \frac{\pi}{2}$ n'est pas une q.

2. Par «(b/a) continue» nous entendons les b/a qui ont la proprieté de la continuité. Cette proprieté est définie seulement pour les fonctions réelles d'une variable réelle, et pour les complexes d'ordre m fonctions des complexes d'ordre n. Le théorème de la continuité uniforme s'enonce:

$$x_0, x_1 \, \varepsilon \, q \, . \, f \, \varepsilon \, (q/x_0^- x_1) \text{ continue. } h \, \varepsilon \, Q : \cap \, \therefore \, k \, \varepsilon \, Q \, \therefore \, x, x' \, \varepsilon \, x_0^- x_1 \, .$$
$$\mathrm{m}(x - x') < k : \cap_{x, x'} \, . \, \mathrm{m}(fx - fx') < h :: - =_k \Lambda.$$

La proprieté fondamentale des signes de fonction est

$$a, b \,\varepsilon\, \mathrm{K} \,.\, f \,\varepsilon\, b/a \,.\, x \,\varepsilon\, a : \supset \,.\, fx \,\varepsilon\, b.$$

Lorsqu'on dit que $f \,\varepsilon\, b/a$, on n'exclut pas que l'opération f soit aussi définie pour des êtres non appartenants à la classe a:

$$a, b, c \,\varepsilon\, \mathrm{K} \,.\, f \,\varepsilon\, b/a \,.\, c \supset a : \supset \,.\, f \,\varepsilon\, b/c.$$

Lorsqu'on dit que $f \,\varepsilon\, b/a$, on ne suppose pas que tout b soit l'f de quelque a:

$$a, b, c \,\varepsilon\, \mathrm{K} \,.\, f \,\varepsilon\, b/a \,.\, b \supset c : \supset \,.\, f \,\varepsilon\, c/a.$$

On a aussi:

$$a, b, c \,\varepsilon\, \mathrm{K} \,.\, f \,\varepsilon\, c/a \,.\, f \,\varepsilon\, c/b : \supset \,.\, f \,\varepsilon\, c/(a \cup b).$$

3. Lorsque f est une ähnliche Abbildung, on a:

$$x = \bar{f} fx, \quad \text{et} \quad y = f \bar{f} y.$$

Ainsi p. ex. si $x \,\varepsilon\, \mathrm{Q}$, et $y \,\varepsilon\, \mathrm{q}$, on a:

$$y = \log x \,.\, = \,.\, x = \overline{\log}\, y; \quad \overline{\log}\, y = e^y; \quad \overline{\log}\, \log x = x; \quad \log \overline{\log}\, y = y.$$

Dans toute formule algébrique ou logique finissant par une lettre x, on peut considerer l'ensemble des signes qui précédent x comme un signe de fonction. Ainsi, si x, a, b sont des q, de

$$b = a + x, \quad \text{on a} \quad x = \overline{a + }\, b, \quad \text{au lieu de} \quad x = b - a,$$

$$b = a \times x, \quad \text{on a} \quad x = \overline{a \times}\, b, \quad \text{au lieu de} \quad x = \frac{b}{a}.$$

(On ne peut pas appliquer cette notation aux puissances a^b, car les deux lettres ne se trouvent pas dans la même ligne. On peut imaginer des conventions analogues, lorsque une formule commence par une lettre x. Voir mes *Arith. principia* pag. XIII).

Ces conventions sont analogues à celle dont out a fait usage pour établir la formule

$$x \,\varepsilon\, s \,.\, = \,.\, p : = : s = \overline{x \,\varepsilon\, p}.$$

On a ainsi

$$\overline{x \,\varepsilon}\, (x \,\varepsilon\, s) = s$$

(«qui est bonus» = «bonus»),

$$x \,\varepsilon\, (\overline{x \,\varepsilon}\, p) = p$$

(«x est une racine de l'equation tang $x = x$» signifie «tang $x = x$»).

4. Lorsque f n'est pas semblable, $\bar{f} y$ est une classe. On a alors $y = f \bar{f} y$, et $x \,\varepsilon\, \bar{f} fx$; il serait contraire à nos conventions d'écrire $x = \bar{f} fy$. Ainsi, si l'on pose, h = «homme», p = «le père de», on a $p \,\varepsilon\, h/h$ non semblable, et l'on a:

$$y = px \,.\, = \,.\, x \,\varepsilon\, \bar{p} y$$

«y est le père de x» $\doteq$ «x est un fils de y».

Analoguement
$$y = \sin x \cdot = \cdot x \, \varepsilon \, \overline{\sin} \, y,$$
au lieu de $x = \text{arc} \sin y$.

$$x \, \varepsilon \, \overline{\sin} \sin x$$

«x est un des arcs dont le sinus est $\sin x$».

5. Mais, si les conventions adoptées suffisent pour notre but, elles ne résolvent pas encore en général le problème de l'inversion. Soit en effet f le signe d'une fonction, qui à chaque individu x d'une certaine classe fait correspondre une classe fx. On aura à considerer les deux relations

$$y = fx \quad (y \text{ est la classe } fx; \ y \text{ est identique à } fx),$$
$$y \, \varepsilon \, fx \quad (y \text{ est un individu de la classe } fx).$$

En vertu de la convention adoptée, on peut invertir la première, et l'on a $x \, \varepsilon \, \overline{f} y$. Pour résoudre la seconde par rapport à x, il faut une convention nouvelle. Posons $x \, \varepsilon \, f' y$. Alors on a:

$$\overline{f} y = \overline{x \, \varepsilon} \, (y = fx) = \text{«les individus } x \text{ tels que la classe } fx \text{ est } y\text{»},$$
$$f' y = \overline{x \, \varepsilon} \, (y \, \varepsilon \, fx) = \text{«les individus } x \text{ tels que } y \text{ est un } fx\text{»}.$$

Par exemple, x étant une classe de q, designons par Dx la classe dérivée (suivant M. Cantor) de x, et dont nous parlerons au §d. Alors $y = Dx$ (y est la classe dérivée de x), s'invertit par $x \, \varepsilon \, \overline{D} y$ (x est une classe dont la dérivée est y); on ne peut pas écrire $x = \overline{D} y$, car, dans des hypothèses convenables, il y a une infinité de classes dont la dérivée est x. Et la relation $y \, \varepsilon \, Dx$ (y est un point de la dérivée de x), s'invertit par $x \, \varepsilon \, D' y$ (x est une classe dont la dérivée contient y).

J'ai adopté ce second signe d'inversion dans mes *Principii di Geometria*, pag. 9. Soient a, b, c des points; désignons par ab l'ensemble des points du segment rectiligne ab; alors $c \, \varepsilon \, ab$ signifie «c est un point de ab». On peut considérer, dans ab, le signe a, qui précéde b, comme un signe de fonction, qui à chaque point b fait correspondre une classe ab de points. En résolvant la relation $c \, \varepsilon \, ab$ par rapport à b on a $b \, \varepsilon \, a' c$; donc $a' c$ désigne celle des deux parties indéfinies de la droite ac, divisée en c, laquelle ne contient pas le point a. La formule $\overline{a} c$ provient de l'inversion de $c = ab$, et en supposant a et b des points, c est un segment dont une extremité est en a; et alors $\overline{a} c$ représente l'autre extremité du segment c.

Des deux signes d'inversion $\overline{f}$ et f', on ne peut pas exprimer le second par le premier, mais on peut exprimer le premier au moyen du second et d'une nouvelle convention nécessaire dans d'autres récherches. Décomposons en effet le signe $=$ en ses deux parties *est* et *égal à*; le mot *est* est dejà répresenté par ε; répresentons aussi l'expression *égal à* par un signe, et soit ι (initial de *ἴσος*) ce signe; ainsi au lieu de $a = b$ on peut écrire $a \varepsilon \iota b$. Alors, si l'on inverte la $y \varepsilon f x$ par $x \varepsilon f' y$, ou invertira $y = fx$, c'est-à-dire $y \varepsilon \iota f x$ par $x \varepsilon (\iota f)' y$. Par ex., si y est un q, $D'y$ signifie «les classes dont la dérivée contient le point y»; et $(\iota D)' y$ signifie «les classes dont la dérivée se réduit à y.»

6. Le signe ι permet aussi de résoudre une autre question. On peut considérer une classe comme étant un individu, et ainsi former des classes de classes (KK). P. ex. si a est un point, b une droite, et c un faisceau de droites, dans les propositions $a \varepsilon b$, «a est un individu (point) de b», et $b \varepsilon c$, «b est un individu (rayon) de c», la lettre b designe d'abord une classe, puis un individu de la classe c, la quelle est une KK de points.

Les formes du syllogisme

$$a \supset b \, . \, b \supset c : \supset . \, a \supset c,$$

$$a \, \varepsilon \, b \, . \, b \supset c : \supset . \, a \, \varepsilon \, c$$

sont exactes; mais des premisses $a \, \varepsilon \, b \, . \, b \, \varepsilon \, c$ on ne peut pas tirer de consequence. On voit aussi plus clairement qu'on doit bien distinguer les deux signes ε et $\supset$.

On peut aussi considérer les KK comme des individus; leurs classes sont des KKK; et ainsi à l'infini; mais l'on s'arrête bientôt dans le langage commun et dans les applications.

Pour indiquer la classe constituée des individus a et b on écrit quelquefois $a \cup b$ (ou $a + b$, en suivant la notation plus usitée). Mais il est plus correct d'écrire $\iota a \cup \iota b$; alors, par l'identité logique

$$x \, \varepsilon \, a \cup b : = : x \, \varepsilon \, a \, . \cup x \, \varepsilon \, b :$$

on a exactement:

$$x \, \varepsilon \, \iota a \cup \iota b : = : x \, \varepsilon \, \iota a \, . \cup . \, x \, \varepsilon \, \iota b : = : x = a \, . \cup . \, x = b.$$

Cette distinction est nécessaire lorsque a et b sont des classes; alors $a \cup b$, en vertu de la notation 4 du §a désigne la classe dont les individus sont les individus de a ou de b; $\iota a \cup \iota b$ désigne la classe dont les individus sont a et b. Si a et b sont des droites (ponctuelles), $a \cup b$ désigne l'ensemble des points qui se trouvent sur l'une ou sur l'autre des droites a et b; $\iota a \cup \iota b$ désigne la couple des droites a et b; les individus de $a \cup b$ sont des points; ceux de $\iota a \cup \iota b$ sont des droites.

La formule 23 du §b pourra aussi s'écrire

$$x \, \varepsilon \, q_n \, . \supset . \, mx \, \varepsilon \, (Q \cup \iota 0)$$

ou

$$m \, \varepsilon \, (Q \cup \iota 0) \, / \, q_n.$$

7. Les deux définitions, données aux N. 6 et 8, de fs, où s est une classe, la première applicable si f fait correspondre un individu à chaque individu, la deuxième si f fait correspondre une classe à chaque individu, sont bien distinctes. Ainsi, si $x \, \varepsilon \, Q$, $\overline{m}x$ désigne l'ensemble des q_n, dont le module est x, ou, si l'on adopte le langage géometrique, la surface sphérique de centre l'origine et de rayon x. Alors, par la notation du N. 8, on a

$$\overline{m}\,\theta = \overline{y\varepsilon}(x \, \varepsilon \, \theta \, . \, y \, \varepsilon \, \overline{m}x : - =_x \Lambda),$$

ou, en opérant sur les deux membres par le signe $y\varepsilon$, on a:

$$y \, \varepsilon \, \overline{m}\,\theta \, . \, = \, \therefore \, x \, \varepsilon \, \theta \, . \, y \, \varepsilon \, \overline{m}x : - =_x \Lambda,$$

«affirmer que y est un $\overline{m}\,\theta$ signifie qu'il y a un nombre x, appartenant à l'intervalle θ, tel que y ait pour module ce x». Donc $\overline{m}\,\theta$ désigne l'ensemble des q_n dont le module n'est pas supérieur à l'unité, ou la sphère (volume) de rayon 1; elle est une Kq_n.

Mais si l'on attribue à $\overline{m}\,\theta$ la signification donnée au N. 6 on a:

$$\overline{m}\,\theta = \overline{y\varepsilon}(x \, \varepsilon \theta \, . \, y = \overline{m}x : - =_x \Lambda)$$

ou

$$y \, \varepsilon \, \overline{m}\,\theta \, . \, = \, \therefore \, x \, \varepsilon \, \theta \, . \, y = \overline{m}x : - =_x \Lambda$$

«affirmer que y est un $\overline{m}\,\theta$ signifie qu'il existe un x, dans l'intervalle θ, tel que y soit identique à la surface sphérique de rayon x». Donc, par le convention du N. 6, $\overline{m}\,\theta$ désigne l'ensemble des surfaces sphériques dont le rayon n'est pas supérieur à l'unité. Les individus de $\overline{m}\,\theta$ sont maintenant des surfaces sphériques, et $\overline{m}\,\theta$ est une KKq_n.

8. Les notations du N. 6 et 8 ne donnent pas, dans cette Note, lieu à des difficultés, qui se pourraient présenter dans d'autres cas. Car, lorsque on donne à fs une signification, il faut d'abord s'assurer qu'elle n'a pas dejà reçu une signification différente. Ensuite, lorsque f fait correspondre une classe à des individus, il est nécessaire de distinguer si l'on entend par fs ce qu'on a défini au N. 8, ce qui se présente ordinairement, ou si l'on entend la classe des classes qui résulte du N. 6, et qu'on doit étudier dans quelques cas.

Pour éviter ces difficultés, désignons p. ex. par $\underline{f}s$ la classe définie au N. 8; c'est-à-dire posons

$$\underline{f}s = \overline{y\varepsilon}(x \, \varepsilon \, s \, . \, y \, \varepsilon \, fx : - =_x \Lambda).$$

Alors la classe considérée au N. 6 résulte indiquée par $\iota\underline{f}s$; car, si dans la définition qui précède on écrit ιf au lieu de f, et $y = fx$ au lieu de $y \, \varepsilon \, \iota x$, on a:

$$\iota\underline{f}s = \overline{y\varepsilon}(x \, \varepsilon \, s \, . \, y = fx : - =_x \Lambda).$$

On pourra supprimer les signes $\cup$ et ι, lorsqu'il n'y a pas d'ambiguité à craindre, et l'on retrouve les définitions des N. 6 et 8.

Par ex., si, étant x un q_n (un point dans la variété à n dimensions), on désigne par px la droite qui projette x d'un point fixe alors, si y est une droite (ponctuelle) quelconque, on a:

$\underline{p}y =$ «le plan qui projette la y». Il est une Kq_n.

$\underline{\iota p}y =$ «le faisceau des rayons qui projettent les points de y». Il est une KKq_n, dont les individus sont des droites.

Si z est un faisceau de droites,

$\underset{\approx}{p}z =$ «la variété à 3 dimensions qui projette le plan de z». Elle est une Kq_n.

$\underset{\approx}{\iota p}z =$ «l'ensemble (étoile) des droites qui projettent les points du plan de z». Il est une KKq_n, dont les individus sont des droites.

$\underset{\approx}{\iota p}z =$ «le faisceau des plans qui projettent les droites de z». Il est une KKq_n, dont les individus sont des plans.

$\underset{\approx}{\iota \iota p}z =$ «l'ensemble des faisceaux de droites qui projettent les droites de z». Il est une $KKKq_n$, dont les individus sont des faisceaux de droites.

§ d.

Signes l', l_1, max, min, C.

P, Hp, Ts; substitution.

Notations.

1. $a \, \varepsilon \, Kq \, . \, \cap \, . \, l'a =$ «la limite supérieure des a».

2.   „ $. \cap . \, l_1 a =$ «   „   inférieure   „   ».

3. $a, b \, \varepsilon \, q \, . \, \cap \, . \, \max (a, b) =$ «le plus grand des deux nombres a et b».

4.   „ $. \cap . \, \min (a, b) =$ «   „   petit   „   „   „   „ ».

Ainsi p. ex. $l'\theta = 1$; $l_1\theta = 0$, $l_1 Q = 0$. Les théorèmes connus qui permettent de reconnaitre l'existence des limites l' et l_1 s'énoncent:

5. $a \, \varepsilon \, Kq \, . \, a - = \Lambda \, . \, p \, \varepsilon \, q \, . \, a \cap (p + Q) = \Lambda : \cap . \, l'a \, \varepsilon \, q.$

«Si a est une classe de nombres réels, non nulle, et si il y a un nombre p, tel que des nombres de la classe a, et supérieurs à p n'existent point, alors la limite supérieure des a est un nombre réel et fini.»

5'. $a \, \varepsilon \, Kq \, . \, a - = \Lambda \, . \, p \, \varepsilon \, Q \, . \, a \cap (p - Q) = \Lambda : \cap . \, l_1 a \, \varepsilon \, q.$

6. $a, b \, \varepsilon \, Kq \, . \, a \cap b : \cap : l'a \leq l'b \, . \, l_1 a \geq l_1 b.$

7. $a \, \varepsilon \, Kq_n \, . \, x \, \varepsilon \, a : \cap . \, l_1 m \, (a - x) = 0.$

«Si a est une classe de complexes d'ordre n et si x est un de ces nombres, la limite inférieure des modules des différences entre x et les différents nombres a est 0». Car $0\,\varepsilon\,\mathrm{m}(a-x)$, c'est-à-dire une des modules de ces différences est précisément 0.

$$a\,\varepsilon\,\mathrm{K}\mathrm{q_n}\,.\,\bigcirc:\mathrm{l'm}\,a\,\varepsilon\,\mathrm{q}\,.\,=\,\cdot\,\text{«la classe } a \text{ est } \textit{finie} \text{»}.$$

Définition.

8. $\quad a\,\varepsilon\,\mathrm{K}\mathrm{q_n}\,.\,\bigcirc\,.\,\mathrm{C}a = \mathrm{q_n}\cap\overline{x\,\varepsilon}\,[\mathrm{l_1}\,\mathrm{m}\,(a-x)=0].$

«Si a est une classe de $\mathrm{q_n}$, par $\mathrm{C}a$ nous entendons l'ensemble des $\mathrm{q_n}$, qui sont des x tels que la limite inférieure des modules des différences entre cet x et les différents a soit nulle».

Si, par «distance du point x à l'ensemble a» on entend la limite inférieure des modules des différences entre x et les a, alors:

$\mathrm{C}a =$ «les points dont la distance à a est nulle».

On peut encore définir $\mathrm{C}a$, sans les mots «limite inférieure» comme suit:

$$\mathrm{C}a = \mathrm{q_n}\cap\overline{x\,\varepsilon}\,[h\,\varepsilon\,\mathrm{Q}\,.\,\bigcirc_h\,.\,a\cap(x+\theta\,\overline{\mathrm{m}}\,h) - = \Lambda).$$
$$\mathrm{C}a = \mathrm{q_n}\cap\overline{x\,\varepsilon}\,[h\,\varepsilon\,\mathrm{Q}\,.\,\bigcirc_h\,\therefore\,y\,\varepsilon\,a\,.\,\mathrm{m}(y-x)<h:-=_y\Lambda].$$

On peut lire $\mathrm{C}a$ par «la classe a completée».

Observations sur la définition 8.

Étant donnée une $\mathrm{K}\mathrm{q_n}$, par la considération des infiniment proches, on peut en déduire une infinité d'autres classes. M. Cantor (Math. Ann. XV, p. 1, et XVII, p. 355) a étudié les propriétés du système dérivé. Soit $\mathrm{D}a$ la classe dérivée de a; on peut la définir:

$$\mathrm{D}a = \mathrm{q_n}\cap\overline{x\,\varepsilon}\,[h\,\varepsilon\,\mathrm{Q}\,.\bigcirc_h\,\therefore\,y\,\varepsilon\,a\,.\,y - = x\,.\,\mathrm{m}(y-x)<h:-=_y\Lambda\cdot$$
$$\mathrm{D}a = \mathrm{q_n}\cap\overline{x\,\varepsilon}\,\{\mathrm{l_1}\,\mathrm{m}[(a-\iota x)-x]=0\}.$$

(Ici le signe ι a la signification expliquée au § c' N. 5 et 6).

Alors on a
$$\mathrm{C}a = a\cup\mathrm{D}a$$

«la classe $\mathrm{C}a$ est formée des points de a et des points de la classe dérivée de a». Mais la classe $\mathrm{C}a$ a une définition et des propriétés plus simples que celles de $\mathrm{D}a$, comme on voit des théorèmes qui suivent; et elle suffit dans notres applications. La classe $\mathrm{C}a$ est, suivant Cantor, le plus petit ensemble fermé (clausus, abgeschlossene Punktmenge) contenant a. La proposition $\mathrm{C}a = a$ signifie «l'ensemble a est fermé».

Si a est une classe de $\mathrm{q_n}$, on peut décomposer, comme j'ai fait dans mes Applicazioni geometriche p. 153 et dans les Arithmetices principia § 10, l'ensemble des $\mathrm{q_n}$ en trois classes $\mathrm{I}a$ (intérieur à a), $\mathrm{E}a$ (exterieur à a) et $\mathrm{L}a$ (limite de a), définies par les équations:

$$\mathrm{I}\,a = \mathrm{q_n} \cap \overline{x\varepsilon}\,(p\,\varepsilon\,\mathrm{Q}\,.\,x \dotplus \theta\overline{\mathrm{m}}\,p \cap a : - =_p \Lambda) = \text{«les complexes } x$$

tels qu'on puisse déterminer un nombre positif p de façon que tous les $\mathrm{q_n}$ dont la différence à x a un module non supérieur à p soient contenus dans la classe a».

$$\mathrm{E}\,a = \mathrm{I} - a = \text{«les points intérieurs à la classe des non } a\text{».}$$

$$\mathrm{L}\,a = (-\,\mathrm{I}\,a)\,(-\,\mathrm{E}\,a) = \text{«les points qui appartiennent ni à l'une}$$

ni à l'autre des classes $\mathrm{I}\,a$ et $\mathrm{E}\,a$».

Alors on a:

$$\mathrm{C}\,a = \mathrm{I}\,a \cup \mathrm{L}\,a = -\,\mathrm{E}\,a.$$

Notations.

9. Nous renfermerons les démonstrations des théoremes dans des { }. Dans ces démonstrations nous adopterons aussi les abréviations suivantes.

10. P1, P2, ... désignent les propositions 1, 2, ... du même §, où elles sont rappellées. §2 P4 désigne la proposition 4 du § 2.

11. Hp et Ts signifient *l'Hypothèse* et la *Thèse* du théorème qu'on démontre. Pour indiquer l'hypothèse d'une autre proposition on fera suivre Hp du signe de la proposition.

12. Pour indiquer ce que dévient une proposition p, lorsque au lieu des lettres x, y (variables) qu'elle contient, on substitue a et b, on écrira $\begin{pmatrix} a, & b \\ x, & y \end{pmatrix} p$. Nous adoptons ainsi le signe connu de substitution, bien qu'on puisse exprimer ce résultat au moyen du signe d'inversion.

Théorèmes.

13. $a\,\varepsilon\,\mathrm{Kq_n}\,.\,\supset\,.\,a \cap \mathrm{C}\,a.$ $\{\mathrm{P7} \supset \mathrm{P13}\}.$

14. $a, b\,\varepsilon\,\mathrm{Kq_n}\,.\,a \cap b : \supset\,.\,\mathrm{C}\,a \cap \mathrm{C}\,b.$

    $\{\mathrm{Hp}\,.\,x\,\varepsilon\,\mathrm{C}\,a : \supset : \mathrm{l_1\,m}(a-x) \geq \mathrm{l_1\,m}(b-x)\,.\,\mathrm{l_1\,m}(a-x) = 0 : \supset$

     $.\,x\,\varepsilon\,\mathrm{C}\,b\}.$

15. $a, b\,\varepsilon\,\mathrm{Kq_n}\,.\,\supset\,.\,\mathrm{C}\,(ab) \cap (\mathrm{C}\,a)\,(\mathrm{C}\,b).$

    $\{\mathrm{Hp}.\supset : ab \cap a\,.\,ab \cap b\,.\,\mathrm{P14} : \supset : \mathrm{C}\,(ab) \cap \mathrm{C}\,a\,.\,\mathrm{C}\,(ab) \cap \mathrm{C}\,b : \supset\,.\,\mathrm{Ts}\}.$

16. $a, b\,\varepsilon\,\mathrm{Kq_n}\,.\,\mathrm{C}\,a = a\,.\,\mathrm{C}\,b = b : \supset\,.\,\mathrm{C}\,(ab) = ab.$

    $\{\mathrm{Hp}.\mathrm{P13}.\mathrm{P15} : \supset : ab \cap \mathrm{C}\,(ab)\,.\,\mathrm{C}\,(ab) \cap (\mathrm{C}\,a)\,(\mathrm{C}\,b) = ab : \supset\,.\,\mathrm{Ts}\}.$

17. $a, b\,\varepsilon\,\mathrm{Kq_n}\,.\,x\,\varepsilon\,\mathrm{q_n} : \supset\,.\,\mathrm{l_1\,m}[(a \cup b) - x] = \min\,[\mathrm{l_1\,m}(a-x),\;\mathrm{l_1\,m}(b-x)].$

18. $a, b\,\varepsilon\,\mathrm{Kq_n}\,.\,\supset\,.\,\mathrm{C}\,(a \cup b) = \mathrm{C}\,a \cup \mathrm{C}\,b.$ $\{\mathrm{P17} \supset \mathrm{P18}\}.$

19. $a\,\varepsilon\,\mathrm{Kq_n}\,.\,x\,\varepsilon\,\mathrm{q_n} : \supset\,.\,\mathrm{l_1\,m}(a-x) = \mathrm{l_1\,m}(\mathrm{C}\,a - x).$

20. $a\,\varepsilon\,\mathrm{Kq_n}\,.\,\supset\,.\,\mathrm{CC}\,a = \mathrm{C}\,a.$ $\{\mathrm{P19} \supset \mathrm{P20}\}.$

21. $a\,\varepsilon\,\mathrm{Kq}\,.\,\mathrm{l'}a, \mathrm{l_1}a\,\varepsilon\,\mathrm{q} : \supset\,.\,\mathrm{l'}a, \mathrm{l_1}a\,\varepsilon\,\mathrm{C}\,a.$

22. $a\,\varepsilon\,\mathrm{Kq_n}\,.\,\mathrm{C}\,a = a\,.\,\mathrm{l'm}\,a\,\varepsilon\,\mathrm{q}\,.\,f\,\varepsilon\,(\mathrm{q}/a)\text{ continue}: \supset\,.\,\mathrm{C}f\,a = f\,a.$

§ e.

Limites de classes variables.

Définition.

1. $f \, \varepsilon \, (\mathrm{K}\,\mathrm{q_n})/\mathrm{Q} \, . \cap . f0 \, = \, \lim\limits_{h=0} fh = \mathrm{q_n} \cap \overline{x\,\varepsilon} \left[\lim\limits_{h=0} \mathrm{l_1}\,\mathrm{m}\,(fh - x) = 0 \right].$

Conséquences immédiates.

2. $f \, \varepsilon \, (\mathrm{K}\,\mathrm{q_n})/\mathrm{Q} \, . \, x \, \varepsilon \, \mathrm{q_n} : h \, \varepsilon \, \mathrm{Q} \, . \cap_h . \, x \, \varepsilon \, fh \, \therefore \, \cap \, . \, x \, \varepsilon \, f0.$
   $\{\mathrm{Hp} \, . \cap . \, \mathrm{l_1}\,\mathrm{m}(fh - x) = 0 \, . \cap . \, \mathrm{Ts}\}.$

3. $f \, \varepsilon \, (\mathrm{K}\,\mathrm{q_n})/\mathrm{Q} \, . \cap . \, \mathrm{q_n} \cap \overline{x\,\varepsilon} \, [h \, \varepsilon \, \mathrm{Q} \, . \cap_h . \, x \, \varepsilon \, fh] \supset f0. \qquad \{\mathrm{P2} = \mathrm{P3}\}.$

4. $f \, \varepsilon \, (\mathrm{K}\,\mathrm{q_n})/\mathrm{Q} \, . \, a \, \varepsilon \, \mathrm{K}\,\mathrm{q_n} \, . \, k \, \varepsilon \, \mathrm{Q} : h \, \varepsilon \, \theta k \, . \cap_h . \, fh \supset a \, \therefore \, \cap . \, f0 \supset \mathrm{C}\,a.$
   $\{\mathrm{Hp} \, . \, x \, \varepsilon \, f0 \, . \, h \, \varepsilon \, \theta k : \cap : \lim\limits_{h=0} \mathrm{l_1}\,\mathrm{m}(fh - x) = 0 \, . \, \mathrm{l_1}\,\mathrm{m}(fh - x)$
   $\geq \mathrm{l_1}\,\mathrm{m}(a - x) : \cap : \mathrm{l_1}\,\mathrm{m}(a - x) = 0 : \cap : x \, \varepsilon \, \mathrm{C}\,a\}.$

5. $f, g \, \varepsilon \, (\mathrm{K}\,\mathrm{q_n})/\mathrm{Q} : h \, \varepsilon \, \mathrm{Q} \, . \cap_h . \, fh \supset gh \, \therefore \, \cap . \, f0 \supset g0.$
   $\{\mathrm{Hp}\,.\,x\,\varepsilon\,f0\,.\,h\,\varepsilon\,\mathrm{Q}:\cap:\mathrm{l_1}\,\mathrm{m}(fh-x)\geq \mathrm{l_1}\,\mathrm{m}(gh-x)\,.\,\lim \mathrm{l_1}\,\mathrm{m}(fh-x)$
   $= 0 : \cap : \lim \mathrm{l_1}\,\mathrm{m}(gh - x) = 0 : \cap : x \, \varepsilon \, g0\}.$

6. $f, g \, \varepsilon \, (\mathrm{K}\,\mathrm{q_n})/\mathrm{Q} \, . \cap . \lim (fh \cap gh) \supset f0 \cap g0.$
   $\{\mathrm{Hp} \, . \, h \, \varepsilon \, \mathrm{Q} : \cap : fh \cap gh \supset fh \, \boldsymbol{.} \, fh \cap gh \supset gh : \mathrm{P5} : \cap . \, \mathrm{Ts}\}.$

6′. $f, f_1, f_2 \, \varepsilon \, (\mathrm{K}\,\mathrm{q_n})/\mathrm{Q} : h \, \varepsilon \, \mathrm{Q} \, . \cap_h . \, f_1 h \supset fh \supset f_2 h : f_1 0 = f_2 0 \, \therefore \, \cap . \, f0$
   $= f_1 0 = f_2 0. \qquad\qquad\qquad\qquad \{\mathrm{P5} \supset \mathrm{P6'}\}.$

7. $f \, \varepsilon \, (\mathrm{K}\,\mathrm{q_n})/\mathrm{Q} \, . \cap . \lim fh = \lim \mathrm{C}\,(fh). \qquad\qquad \{\text{§d P19} \supset \mathrm{P7}\}.$

Théorème.

8. $f \, \varepsilon \, (\mathrm{K}\,\mathrm{q_n})/\mathrm{Q} \, . \cap . \, \mathrm{C}(f0) = f0.$

$\{(1) \; \mathrm{Hp} \, . \, x \, \varepsilon \, \mathrm{C}f0 \, . \, k \, \varepsilon \, \mathrm{Q} : \cap . \left(x + \theta\overline{\mathrm{m}} \, \tfrac{1}{2}\, k \right) \cap f0 \, - = \Lambda.$

$(2) \; \mathrm{Hp} \, . \, x \, \varepsilon \, \mathrm{C}f0 \, . \, k \, \varepsilon \, \mathrm{Q} \, . \, x' \, \varepsilon \, f0 \, . \, x' \, \varepsilon \, x + \theta\overline{\mathrm{m}} \, \tfrac{1}{2}\, k : \cap \, \therefore \, h' \, \varepsilon \, \mathrm{Q} : h$

$\varepsilon \, \theta h' \, . \cap_h . \, fh \cap \left(x' + \theta\overline{\mathrm{m}} \, \tfrac{1}{2}\, k \right) \therefore \, - =_{h'} \Lambda :: x' + \theta\overline{\mathrm{m}} \, \tfrac{1}{2}\, k \supset x$

$+ \theta\overline{\mathrm{m}}\,k \, \therefore \, \cap :: h' \, \varepsilon \, \mathrm{Q} : h \, \varepsilon \, \theta h' \, . \cap_h . \, fh \cap (x + \theta\overline{\mathrm{m}}\,k) \, - = \Lambda$

$\therefore \, - =_{h'} \Lambda.$

$(3) \; \mathrm{Hp} \, . \, x \, \varepsilon \, \mathrm{C}f0 \, . \, k \, \varepsilon \, \mathrm{Q} \, . \, (1) \, . \, (2) : \cap :: h' \, \varepsilon \, \mathrm{Q} : h \, \varepsilon \, \theta h' \, . \cap_h . \, fh$

$\cap (x + \theta\overline{\mathrm{m}}\,k) \, - = \Lambda \, \therefore \, - =_{h'} \Lambda.$

$(4) \; \mathrm{Hp} \, . \, x \, \varepsilon \, \mathrm{C}f0 \, . \, (3) : \cap . \, x \, \varepsilon \, f0.$

$(5) \; \mathrm{Hp} \, . \, (4) : \cap . \, \mathrm{C}f0 \supset f0.$

$(6) \; \mathrm{Hp} \, . \, (5). \; \text{§d P13} \cap . \, \mathrm{Ts}.\}$

Théorème.

9. $f \,\varepsilon\, (\mathrm{K}q_\mathrm{n})/\mathrm{Q} \,\therefore\, h, k \,\varepsilon\, \mathrm{Q} \,.\, h < k : \supset_{h,k} .\, fh \,\supset\, fk \,\therefore\, p \,\varepsilon\, \mathrm{Q} : h \,\varepsilon\, \mathrm{Q} \,.\, \supset_h$
    $.\, fh \,\cap\, \theta\overline{\mathrm{m}}p - = \Lambda :: \supset .\, f0 - = \Lambda .$

Démonstration.

(1) $\mathrm{Hp} .\, c \,\varepsilon\, \mathrm{K}q_\mathrm{n} .\, h \,\varepsilon\, \mathrm{Q} .\, c \cap fh = \Lambda .\, k \,\varepsilon\, \theta h : \supset .\, c \cap fk = \Lambda .$

(2) $\mathrm{Hp} .\, c, c' \,\varepsilon\, \mathrm{K}q_\mathrm{n} .\, h, h' \,\varepsilon\, \mathrm{Q} .\, c \cap fh = \Lambda .\, c' \cap fh' = \Lambda .\, h'' \,\varepsilon\, \mathrm{Q} \cap \theta h$
    $\cap\, \theta h' : \supset .\, (c \cup c') \cap fh'' = \Lambda . \hspace{3cm} \{(1) \supset (2)\} .$

(3) $\mathrm{Hp} .\, c, c' \,\varepsilon\, \mathrm{K}q_\mathrm{n} : \supset \,\therefore\, h \,\varepsilon\, \mathrm{Q} .\, c \cap fh = \Lambda : - =_h \Lambda \,\therefore\, h' \,\varepsilon\, \mathrm{Q} .\, c'$
    $\cap\, fh' = \Lambda : - =_{h'} \Lambda :: = \,\therefore\, h'' \,\varepsilon\, \mathrm{Q} .\, (c \cup c') \cap fh'' = \Lambda : - =_{h''} \Lambda .$
             $\{(2) \supset (3)\} .$

(4) $\mathrm{Hp} .\, u = \mathrm{K}q_\mathrm{n} \cap \overline{c\varepsilon} [h \,\varepsilon\, \mathrm{Q} .\, c \cap fh = \Lambda : =_h \Lambda] .\, (3) : \supset \,\therefore\, u .$
    $\varepsilon \,\mathrm{KK}q_\mathrm{n} :: c, c' \,\varepsilon\, \mathrm{K}q_\mathrm{n} .\, \supset_{c,c'} \,\therefore\, c \cup c' \,\varepsilon\, u \cdot = : c \,\varepsilon\, u .\, \cup .\, c'$
    $\varepsilon\, u :: \theta\overline{\mathrm{m}}p \,\varepsilon\, u .$

(5) $u \,\varepsilon\, \mathrm{KK}q_\mathrm{n} :: c, c' \,\varepsilon\, \mathrm{K}q_\mathrm{n} .\, \supset_{c,c'} \,\therefore\, c \cup c' \,\varepsilon\, u \cdot = : c \,\varepsilon\, u .\, \cup .\, c' \,\varepsilon\, u$
    $:: s \,\varepsilon\, \dot{u} .\, \mathrm{l}'\mathrm{m} s \,\varepsilon\, q \,\therefore\, \supset :: x \,\varepsilon\, \mathrm{C}s : k \,\varepsilon\, \mathrm{Q} .\, \supset_k .\, x + \theta\overline{\mathrm{m}}k \,\varepsilon\, u$
    $\therefore\, - =_x \Lambda .$

{Cantor, *Ueber unendliche, lineare Punktmannichfaltigkeiten*,
Math. Ann. XXIII, p. 454}.

(6) $\mathrm{Hp} .\, u = \mathrm{K}q_\mathrm{n} \cap \overline{c\varepsilon} [h \,\varepsilon\, \mathrm{Q} .\, \supset_h .\, c \cap fh - = \Lambda] .\, (4) .\, (5) : \supset :: x$
    $\varepsilon \,\theta\overline{\mathrm{m}}p : k \,\varepsilon\, \mathrm{Q} .\, \supset_k .\, x + \theta\overline{\mathrm{m}} k \,\varepsilon\, u \,\therefore\, - =_x \Lambda .$

(7) $\mathrm{Hp} .\, (6) : \supset \,\therefore\, x \,\varepsilon\, \theta\overline{\mathrm{m}}p \,\therefore\, k \,\varepsilon\, \mathrm{Q} .\, \supset_k : h \,\varepsilon\, \mathrm{Q} .\, \supset_h .\, (x + \theta\overline{\mathrm{m}}k) \cap fh$
    $- = \Lambda :: - =_x \Lambda .$

(8) $\mathrm{Hp} .\, (7) : \supset :: x \,\varepsilon\, \theta\overline{\mathrm{m}}p : h \,\varepsilon\, \mathrm{Q} .\, \supset_h .\, \mathrm{l}_1 \mathrm{m} (fh - x) = 0 \,\therefore\, - =_x \Lambda .$

(9) $\mathrm{Hp} .\, (8) : \supset : x \,\varepsilon\, f0 \cdot - =_x \Lambda .$
    $\mathrm{Hp} .\, (9) : \supset .\, \mathrm{Ts} .$

Théorèmes.

10. $f \,\varepsilon\, (\mathrm{K}q_\mathrm{n})/\mathrm{Q} \,\therefore\, h, k \,\varepsilon\, \mathrm{Q} .\, h < k : \supset_{h,k} fh \,\supset\, fk \,\therefore\, h \,\varepsilon\, \mathrm{Q} .\, \supset_h .\, fh$
    $- = \Lambda \,\therefore\, h \,\varepsilon\, \mathrm{Q} .\, \mathrm{l}'\mathrm{m} fh \,\varepsilon\, q : - =_h \Lambda :: \supset .\, f0 - = \Lambda .$
            $\{\mathrm{P}9 \supset \mathrm{P}10\} .$

11. $f \,\varepsilon\, (\mathrm{K}q_\mathrm{n})/\mathrm{Q} \,\therefore\, h, k \,\varepsilon\, \mathrm{Q} .\, h < k : \supset_{h,k} .\, \mathrm{C}fh \,\supset\, fk :: \supset .\, f0 = q_\mathrm{n} \cap \overline{x\varepsilon}$
    $[h \,\varepsilon\, \mathrm{Q} .\, \supset_h .\, x \,\varepsilon\, fh] .$

{(1) $\mathrm{Hp} .\, h \,\varepsilon\, \mathrm{Q} .\, h' \,\varepsilon\, \mathrm{Q} .\, h' < h : \supset \,\therefore\, k \,\varepsilon\, \theta h' .\, \supset_k .\, fk \,\supset\, fh' : \mathrm{P}4 \,\therefore\, \supset \,\therefore$
    $f0 \,\supset\, \mathrm{C}fh' .\, \mathrm{C}fh' \,\supset\, fh \,\therefore\, \supset \,\therefore\, f0 \,\supset\, fh .$

(2) $\mathrm{Hp} \,.\, (1) : \supset \,.\, f0 \supset q_n \cap \overline{x\varepsilon}[h \,\varepsilon\, Q \,.\, \supset_h \,.\, x \,\varepsilon\, fh]$.

   $\mathrm{Hp} \,.\, (2) \,.\, \mathrm{P3} : \supset \,.\, \mathrm{Ts}\}$.

12. $a \,\varepsilon\, \mathrm{K}q \,.\, a\,\boldsymbol{-}\!= \Lambda \,.\, f \,\varepsilon\, (\mathrm{K}q_n) \,/\, a \,\therefore\, t \,\varepsilon\, a \,.\, \supset_t : ft\,\boldsymbol{-}\!= \Lambda \,.\, \mathrm{C}ft = ft$

   $.\, \mathrm{l'm}ft \,\varepsilon\, q \,\therefore\, t, t' \,\varepsilon\, a \,.\, t' > t : \supset_{t,t'} \,.\, ft' \supset ft :: \supset \,.\, \overline{x\varepsilon}(t \,\varepsilon\, a$

   $.\, \supset_t \,.\, x \,\varepsilon\, ft)\,\boldsymbol{-}\!= \Lambda.$ $\qquad\qquad \{\mathrm{P}10 \cap \mathrm{P}11 \supset \mathrm{P}12\}.$

§ e'.

Observations sur le § e.

Dans le §e on étudie les classes variables fh, qui dépendent d'une variable positive h et l'on définit leur limite pour $h = 0$.

P 1. «Si f fait correspondre une classe de q_n à chaque nombre positif h, par $f0$, ou par limite de fh lorsque h tend vers 0, on entend l'ensemble des complexes x qui ont la propriété que la limite inférieure des modules des différences entre les individus de fh et x, lorsque h tend vers 0, a pour limite 0».

Ces limites jouent un rôle important dans cette Note; mais elles se présentent aussi dans une foule d'autres récherches. Ainsi dans les applications du calcul infinitésimal à la géometrie on parle toujours de la limite d'une figure variable, p. ex. de la ligne commune à deux surfaces d'une même série (caractéristique), sans la définir. La définition qu'on propose ici est évidemment la plus simple. Je l'ai dejà donnée, avec quelques théorèmes, dans mes *Applicazioni geometriche* p. 302.

On voit tout de suite que:

P 2 et P 3. «L'ensemble des points communs à toutes les classes fh appartient à $f0$».

P 4. «Si la classe variable fh, pour une valeur de h et pour toutes les plus petites, est toujours contenue dans une classe déterminée a, alors la limite de fh est contenue dans $\mathrm{C}a$».

P 5. «Si de deux classes variables fh et gh, la première est toujours contenue dans la seconde, la limite de la première est aussi contenue dans la limite de la seconde».

P 6. «La limite de la classe commune à deux classes variables *est contenue* dans la classe commune à leurs limites».

P 6'. «Si f, f_1, f_2 font correspondre, à chaque nombre positif, des classes de q_n, et si, quelque soit le nombre positif h, la classe $f_1 h$ est toujours contenue dans fh, et celle-ci dans $f_2 h$; et si les limites de $f_1 h$ et $f_2 h$ coincident, alors la limite de fh est la valeur commune de ces deux limites».

P 8. «La plus petite classe fermée, qui contient $f0$ est $f0$», ou «$f0$ est une classe fermée».

Comme exercice nous expliquerons ici toutes les formules de la P 9 et de sa démonstration. Les mots entre [] ne sont pas contenus dans les formules.

Théorème.

P 9. Soit f le signe d'une fonction qui à chaque quantité positive fait correspondre une classe de q_n. Supposons que, lorsqu'on attribue à la variable deux valeurs quelconques h et k, dont la plus petite est h, la classe fh soit toujours contenue dans fk. Supposons enfin qu'il y ait un nombre positif p, tel que, quelque soit le nombre positif h, il existent toujours des nombres de la classe fh dont le module n'est pas supérieur à p. Alors la classe $f0$ n'est pas nulle [c'est-à-dire, il y a des q_n qui appartiennent à la classe $f0$; la classe fh, lorsque h tend vers 0, tend effectivement vers une limite].

Démonstration.

(1) Dans les hypothèses du théorème, si c est une $K\,q_n$, si h est une quantité positive, [si nul c est un fh, c'est-a-dire] si les classes c et fh n'ont rien de commun, et si k est un nombre non supérieur à h, alors nul c est fk. [Cette proposition est évidente; mais si l'on désire la démontrer à l'aide des axiomes logiques, on aura:

Hp (1) . $\cap$. $fk \supset fh$. «Dans les Hp. de la (1), la fk est contenue dans fh».

$fk \supset fh$. $\cap$. $c \cap fk \supset c \cap fh$. «Si fk est contenue en fh, la classe commune à c et fk, est aussi contenue dans $c \cap fh$», par l'axiome désigné par P 16 dans *Arithmetices principia* pag. IX.

Hp (1) . $\cap$. $c \cap fh = \Lambda$. $\cap$. $c \cap fk = \Lambda$.» Mais on a supposé que $c \cap fh$ soit nulle; donc, par les P 7 et P 38 des *Arith. pr.*, on déduit la thèse»].

(2) Dans les même Hp, étant c et c' deux $K q_n$, et h et h' deux nombres positifs, si nul c est fh, et nul c' est fh'; et si l'on désigne par h'' un nombre positif non supérieur ni à h ni à h', alors la classe formée des deux classes c et c' et la classe fh'' n'ont aucun point commun.

Cela résulte de la proposition précédente. [On peut la prouver comme il suit:

Hp(2) . (1) : $\cap$: $c \cap fh'' = \Lambda$. $c' \cap fh'' = \Lambda$. (Arith. pr. P 41 . P 30) : $\cap$. $(c \cup c') fh'' = \Lambda$. «Des Hp de la (2), et de la proposition (1), on deduit que . . ., et par deux principes de logique on déduit la Ts».]

(3) Et si c et c' sont deux $K q_n$, alors affirmer qu'il existe une quantité positive h telle que nul c soit fh, et une autre h' telle que nul c' soit fh', est équivalent à affirmer l'existence d'une quantité po-

sitive h'' telle que nul individu ni de la c ni de la c' appartienne à la classe fh''.

La (3) est conséquence de la (2).

(4) Toujours dans la même Hp., appelons u les classes de q_n qui sont des c telles qu'il n'existe aucun nombre positif h tel que nul c soit fh [c'est-à-dire appelons u la propriété des ensembles de points c tels que, quel que soit le nombre positif h, quel que c soit fh]; alors, par la prop. (3) on a:

u est une classe de classes de complexes, ou une propriété dont les ensembles de points sont susceptibles ou non;

si c et c' sont des ensembles de points quelconques, toutes les fois que la plus petite classe contenant c et c' a la propriété u, une au moins des c et c' a la propriété u, et réciproquement, si l'une d'entre elles a cette propriété, leur ensemble $c \cup c'$ a aussi cette propriété. [Cette proposition est la (3), dans laquelle on a pris les négations des deux membres de l'égalité qui constitue la thèse];

l'ensemble des q_n dont le module n'est pas supérieur à p a la propriété u.

(5) Mais, par un théorème de Cantor, si u est une propriété des ensembles de points;

et si c et c' sont deux ensembles quelconques, affirmer que $c \cup c'$ a la propriété u équivaut à affirmer que l'une des classes c et c' a cette propriété;

et s'il y a une classe s qui a la qualité u, et si [elle est finie, c'est-à-dire si] la limite supérieure des modules de s est une quantité finie;

alors il existe un x, qui est un point de la classe Cs [c'est-à-dire ou un point de s ou un point de sa dérivée], et tel que, quel que soit le nombre positif k [arbitrairement petit], la sphère (solide) dont le centre est x et le rayon est k a la propriété u [autrement dit, il existe un point de Cs tel que tout ensemble de points qui le contient dans son intérieur à la propriété u].

[L'utilité des notations de Logique est ici évidente. On peut avec elles, écrire en deux lignes l'énoncé d'un théorème qui dans l'original occupe une page. La forme des théorèmes est maintenant d'une précision rémarquable; on voit clairement toutes les conditions restrictives qu'on doit supposer; et il est peu probable dans les développements d'en oublier quelqu' une, plus ou moins cachée dans un énoncé ordinaire. On transforme les théorèmes comme on transforme les formules d'Algèbre, et cela avec une facilité et une sûreté qu'on ne peut pas atteindre avec le langage commun. La prop. (5) dans la publication mentionnée de M. Cantor est appellée Théorème I. Les lettres

$$\Upsilon, \; P_1, \; P_2, \; P, \; G_{\mathrm{n}}, \; g$$

de M. Cantor correspondent ici à

$$u, \; c, \; c', \; s, \; \mathrm{q_n}, \; x.$$

Il y a quelque peu de différence entre le théorème de M. Cantor et la proposition (5) dont nous ferons usage].

(6) Dans les Hp. du théorème à démontrer, si u [a la même signification que dans la (4), c'est-à-dire, si u] désigne les classes qui ont quelque point commun avec toutes les classes fh, par les prop. (4) et (5), on déduit l'existence d'un point x, dont le module n'est pas supérieur à p, et tel que, quelque soit le nombre positif k, l'ensemble des $\mathrm{q_n}$ dont la différence à x a un module non supérieur à k, a toujours la propriété u.

(7) Cela signifie qu'il existe un point x, de module θp, tel que, quelque soit le nombre positif k, on a que, quelque soit le nombre positif h, il existe des fh dont la différence à x a un module non supérieur à k. [La (7) s'obtient de la (6) en substituant dans le second membre à la lettre u sa définition].

(8) Donc il existe un point x, de module θp, tel que, quelque soit h, la limite inférieure des modules des différences à x des points de fh est 0, [il existe un point x commun à toutes les $C(fh)$, quelque soit le nombre positif h].

[Remarquons la transformation par laquelle de (7) on passe à sa équivalente (8). En général, si h, k sont deux variables, et si p, q, r sont trois propositions, dont la première p contient la seule lettre k, la deuxième q la seule h, et la troisième r toutes les deux h et k; alors la proposition:

$$p \supset_k . \, q \supset_h r \quad\text{«quelque soit } k \text{, pourvu qu'il satisfasse à la condition}$$

p, on déduit que quelque soit la valeur de h satisfaisante à la q, on aura la verité de r»

peut aussi s'écrire

$$p q \supset_{h, k} r \quad\text{«toutes les fois que } h \text{ et } k \text{ satisfont aux conditions } p$$

et q, sera aussi satisfaite la r»

et, par conséquence, on peut encore lui donner la forme

$$q \supset_h . \, p \supset_k r \quad\text{«de la condition } q \text{ on déduit que: de la condition } p$$

on déduit la r».

Or une proposition partielle de (7) est:

$$k \, \varepsilon \, \mathrm{Q} . \supset_k : h \, \varepsilon \, \mathrm{Q} . \supset_h . \, (x + \theta\overline{\mathrm{m}} k) \cap fh - = \Lambda.$$

Intervertissons les h et k, en suivant la régle énoncée. On obtient

$$h \, \varepsilon \, \mathrm{Q} . \supset_h : k \, \varepsilon \, \mathrm{Q} . \supset_k . \, (x + \theta\overline{\mathrm{m}} k) \cap fh - = \Lambda.$$

Or par la définition de la limite inférieure, on a:

$$k \, \varepsilon \, \mathrm{Q} . \supset_k . \, (x + \theta\overline{\mathrm{m}} k) \cap fh - = \Lambda : = \cdot \mathrm{l_1 \, m}(fh - x) = 0.$$

Et au moyen de ces deux transformations on passe de la (7) à la (8)].

(9) Donc il existe un x appartenant à la classe $f0$.

Ainsi est démontré le théorème.

Deuxième partie.

Réduction du théorème.

1. Pour n'avoir plus à revenir sur les conditions de continuité des fonctions $\varphi_1, \varphi_2, \ldots, \varphi_n$ de $t, x_1, \ldots, x_n$, on les supposera continues pour toutes les valeurs des variables. Si elles sont seulement continues pour les valeurs appartenant à la variété V définie par les conditions

$$b-k<t<b+k,\ a_1-h_1<x_1<a_1+h_1,\ldots,a_n-h_n<x_n<a_n+h_n,$$

il suffit de poser

$$t' = \operatorname{tang} \frac{2}{\pi} \frac{t-b}{k}, \quad x_1' = \operatorname{tang} \frac{2}{\pi} \frac{x_1-a_1}{h_1}, \ldots$$

pour représenter la variété V dans une autre, dans laquelle les variables t', x_1', ... ne sont plus assujetties à aucune condition.

2. Introduisons les nombres complexes, et posons $x = (x_1, x_2, \ldots, x_n)$, $\varphi(t, x) = (\varphi_1, \varphi_2, \ldots, \varphi_n)$. Alors le système donné d'équations se réduit à une seule:

$$\frac{\mathrm{d}x}{\mathrm{d}t} = \varphi(t, x),$$

entre la fonction complexe x, et la variable réelle t; la $\varphi(t, x)$ est fonction continue des deux variables. Le théorème qu'il s'agit de démontrer dans cette Note s'énonce alors:

$$a\,\varepsilon\,\mathrm{q}_n \cdot b\,\varepsilon\,\mathrm{q} : \bigcirc :: b'\,\varepsilon\,b + \mathrm{Q} \cdot f\,\varepsilon\,\mathrm{q_n}/b^-b' \cdot f b = a : t\,\varepsilon\,b^-b' \cdot \bigcirc_t \cdot \frac{\mathrm{d}ft}{\mathrm{d}t}$$
$$= \varphi(t, ft) \,\therefore\, - =_{b'f} \Lambda \cdot$$

«Si a est un complexe d'ordre n, et b un nombre réel, alors on peut déterminer b' et f, où b' est une quantité plus grande que b, et f est un signe de fonction qui à chaque nombre de l'intervalle de b à b' fait correspondre un complexe [en d'autres mots, ft est un complexe fonction de la variable réelle t, définie pour toutes les valeurs de l'intervalle b^-b']; la valeur de ft pour $t = b$ est a; et dans tout l'intervalle b^-b' cette fonction ft satisfait à l'équation différentielle donnée».

3. On peut supposer les valeurs initiales b et a nulles, car il suffit de poser $t = b + t'$, $x = a + x'$; et alors, pour $t = b$ et $x = a$ on a $t' = 0$, $x' = 0$.

On peut aussi supposer $\varphi(0,0) = 0$; car si l'on pose $x = t\varphi(0,0) + x'$,

14*

le second membre de l'équation différentielle en x' et t s'annulle avec les variables.

Enfin, puisque $\varphi(t, x)$ est continue, et $\varphi(0, 0) = 0$, on peut déterminer deux nombres positifs p et t_1 tels que $l'm\varphi(\theta t_1, \theta\overline{m}p) < 1$. Si k est le plus petit des nombres p et t_1, et que l'on pose $x = kx'$, $t = kt'$, on obtient l'équation différentielle $\frac{dx'}{dt'} = \varphi'(t', x')$, où $\varphi'(t', x') = \varphi(kt', kx')$, et l'on a $l'm\varphi'(\theta, \overline{m}\theta) < 1$. Si, au lieu de x', t', φ', on écrit x, t, φ, on a l'équation $\frac{dx}{dt} = \varphi(t, x)$, où $\varphi(0, 0) = 0$, et $l'm\varphi(\theta, \overline{m}\theta) < 1$.

Donc, sans ôter de généralité à la question, on peut supposer

$1^0)$ $\qquad\qquad\qquad \varphi(t, x)$ toujours continue,

$2^0)$ $\qquad\qquad\qquad \varphi(0, 0) = 0$,

$3^0)$ $\qquad\qquad\qquad l'm\varphi(\theta, \overline{m}\theta) < 1$.

Nous supposerons toujours ces conditions satisfaites, bien que plusieurs propositions, comme on voit facilement, en soient indépendantes. Nous voulons démontrer:

Théorème.

$$ f \, \varepsilon \, q_n/\theta \cdot f0 = 0. : t \, \varepsilon \, \theta \cdot \bigcirc_t \cdot \frac{dft}{dt} = \varphi(t, ft) \therefore - =_f \Lambda \cdot $$

«On peut déterminer dans l'intervalle de 0 à 1 une fonction complexe ft de la variable réelle t, qui s'annule pour $t = 0$, et qui dans tout cet intervalle satisfait à l'équation différentielle donnée».

Résumé de la démonstration.

La démonstration du théorème, réduite en formules de logique, est contenue dans les § 1—§ 7. Bien que les développements complets soient assez longs, les principes de cette démonstration sont simples et naturels; on peut affirmer qu'on doit nécessairement retrouver les mêmes propositions toutes les fois qu'il s'agit de traiter complètement l'intégrabilité des équations différentielles, sans d'autres hypothèses que celles de la continuité.

§ 1.

On étudie d'abord les fonctions ft qui satisfont à une inégalité de la forme

$\beta)$ $\qquad\qquad\qquad m\left(\frac{dft}{dt} - \varphi(t, ft)\right) < h,$

où h est un nombre positif; on pourrait dire que ces fonctions satisfont *par approximation* à l'équation différentielle donnée.

P1. «Si t_0 et t_1 sont des nombres réels distincts, et si h est une quantité positive, on appelle $\beta(t_0, t_1, h)$ les signes, ou caractéristiques, des fonctions complexes définies dans l'intervalle $t_0{}^-t_1$, et qui dans tout cet intervalle satisfont à la condition β».

On voit facilement que (P15), étant t_0 un q, x_0 un q_n, et h un Q, la fonction $ft = x_0 + (t - t_0)\,\varphi(t_0, x_0)$ satisfait à la condition β dans un certain intervalle $t'{}^-t''$, qui contient à son intérieur t_0. Et plus généralement (P16), la fonction $x_0 + (t - t_0)z$, où z est un complexe dont la différence à $\varphi(t_0, x_0)$ a un module moindre que h, satisfait à la même condition, aux environs de $t = t_0$.

P2. «Étant t_0 et t_1 des q, h un Q, et x_0 un q_n, on appelle $B(x_0, t_0, t_1, h)$ les complexes x tels qu'on puisse déterminer une fonction ft, satisfaisant dans l'intervalle $t_0{}^-t_1$ à la condition β, et qui pour $t = t_0$ et $t = t_1$ a les valeurs x_0 et x».

Donc $B(x_0, t_0, t_1, h)$ désigne l'ensemble des valeurs que prennent pour $t = t_1$ les fonctions ft, qui pour $t = t_0$ ont la valeur x_0, et qui dans l'intervalle $t_0{}^-t_1$ satisfont à la β. Évidemment, si l'on donne arbitrairement x_0, t_0, t_1, h, on ne peut pas toujours affirmer l'existence de la classe B correspondante.

De la définition résulte immédiatement que:

P9. Si x_1 est un $B(x_0, t_0, t_1, h)$, alors x_0 est un $B(x_1, t_1, t_0, h)$.

P10. Si $h < k$, $B(x_0, t_0, t_1, h)$ est contenue dans $B(x_0, t_0, t_1, k)$.

P14. Si t_0, t_1, t_2 sont des q, disposés par ordre de grandeur, si x_0, x_2 sont des q_n, et si les classes $B(x_0, t_0, t_1, h)$ et $B(x_2, t_2, t_1, h)$ ont des points communs, alors x_2 est un $B(x_0, t_0, t_2, h)$.

Lorsque $n = 1$, et que par conséquence les q_n se réduisent aux nombres réels q, les classes B sont en général l'ensemble des points qui satisfont à une double inégalité $a < x < b$; quelquefois ces classes s'étendent à l'infini, ou manquent.

§ 2.

P1. «Soient t_0, t_1 deux q, $t_0 < t_1$, x_0 un q_n, et p un Q. Appelons l la limite supérieure des modules des valeurs de $\varphi(t, x)$, lorsque t varie dans l'intervalle $t_0{}^-t_1$, et x dans la sphère de centre x_0 et de rayon p. Supposons $t_1 - t_0 < \dfrac{p}{l}$. Alors, h étant une quantité positive, quel que soit t dans l'intervalle $t_0{}^-t_1$, il y a des points de la classe $B(x_0, t_0, t, h)$, dont la différence à x_0 a un module non supérieur à $(t - t_0)l$».

P2. «Et, par conséquent, dont la différence à x_0 a un module non supérieur à p».

P3. «Si, dans la P2, à t_0, t_1, x_0, p on substitue 0, 1, 0, 1, on obtient que, quel que soit le nombre positif h, et quel que soit t dans l'intervalle θ, il y a des $B(0, 0, t, h)$ dont le module est inférieur à l'unité».

P4. «Donc quels que soient la quantité positive h, et t dans θ, la classe $B(0, 0, t, h)$ existe effectivement».

§ 3.

Pour étudier les autres propriétés des B, on démontre d'abord le lemme:

P1. «Si dans un intervalle de t_0 à $t_1 > t_0$ deux fonctions réelles $f_1 t$ et $f_2 t$ satisfont aux inégalités $f_1' t < \psi(t, f_1 t)$, et $f_2' t > \psi(t, f_2 t)$, où $\psi(t, z)$ est une fonction réelle des deux variables réelles t et z; et si les $f_1 t$ et $f_2 t$ ont la même valeur pour $t = t_0$, on aura $f_1 t_1 < f_2 t_1$».

On déduit des théorèmes qui limitent les classes B.

P7. «On peut déterminer une quantité positive h telle que, quel que soit t dans l'intervalle θ, les modules des points de $B(0, 0, t, h)$ soient tous moindres que t», et en conséquence, P8, «moindres que l'unité».

P9. «h et k étant deux quantités positives, alors non seulement $B(x_0, t_0, t_1, h)$ est contenue dans $B(x_0, t_0, t_1, h + k)$, comme dit § 1 P10, mais les points limites de la première classe sont aussi contenus dans la seconde».

Les §§1—3 contiennent les propriétés des classes B, qui se présentent dans la suite. On peut encore noter que les classes B sont *intérieures à elles mêmes* et *continues*.

§ 4.

P1. «Appelons maintenant $A(x_0, t_0, t_1)$ la limite de $B(x_0, t_0, t_1, h)$, pour $h = 0$».

Alors on a:

P4. «Si la fonction ft satisfait dans l'intervalle de t_0 à t_1 à l'équation différentielle donnée, et si sa valeur pour $t = t_0$ est x_0, alors sa valeur pour $t = t_1$ est un des nombres de la classe $A(x_0, t_0, t_1)$». Nous en démontrerons la réciproque dans le § 7.

P7. «Quel que soit t dans l'intervalle θ, la classe $A(0, 0, t)$ existe effectivement». C'est une conséquence du théorème sur les limites des classes, démontré au §e P9.

P9. «La classe $A(x_0, t_0, t)$ est la classe commune à toutes les classes $B(x_0, t_0, t, h)$, lorsque h prend toutes les valeurs positives».

P15. «Quel que soit t dans l'intervalle θ, le module de tout nombre de la classe $A(0, 0, t)$ est inférieur à l'unité».

P19. «Étant x_0 un q_n et t_0 un q, si l'on fixe une quantité positive k [arbitrairement petite], on peut déterminer deux nombres t' et t'', l'un inférieur, l'autre supérieur à t_0, tels que, quel que soit t dans l'intervalle t'^-t'', mais différent de t_0, et quel que soit le complexe x de la classe $A(x_0, t_0, t)$, on ait toujours:

$$\mod\left[\frac{x-x_0}{t-t_0} - \varphi(t_0, x_0)\right] < k\text{».}$$

P20. «Si t_0 et t_0' sont des q; et si ft est une fonction complexe définie dans tout l'intervalle $t_0^-t_0'$; si, étant t et t_1 deux valeurs quelconques dans l'intervalle $t_0^-t_0'$, la f a la propriété que ft_1 est un $A(ft, t, t_1)$; alors dans cet intervalle la fonction ft satisfait à l'équation différentielle donnée».

§ 5.

La démonstration, en général, du théorème, est donnée au § 7. Mais dans ce § et dans le suivant nous examinerons deux cas particuliers. Ici nous examinons le cas dans lequel la classe $A(0, 0, t)$, laquelle, lorsque t est un θ, existe effectivement, se réduit à un seul nombre.

P4. «Si, quel que soit t dans l'intervalle θ, $A(0, 0, t)$ est un complexe d'ordre n, et si l'on pose $ft = A(0, 0, t)$; alors ft est une fonction complexe de la variable t, définie dans l'intervalle θ, qui s'annule avec t, et qui dans le même intervalle satisfait à l'équation différentielle donnée».

P5. «Et elle est la seule qui satisfasse à ces conditions».

Pour reconnaître des cas, dans lesquels $A(0, 0, t)$ est un q_n, on a la

P3. «S'il existe un nombre positif p, tel que, quelque soit t dans l'intervalle θ, et quelques soient les complexes x et x', de module non supérieur à l'unité, le rapport $\dfrac{m[\varphi(t, x') - \varphi(t, x)]}{m(x' - x)}$ soit toujours moindre que p, alors, quel que soit t dans θ, la classe $A(0, 0, t)$ se réduit à un nombre».

Mais, pour que $A(0, 0, t)$ se réduise à un q_n, il n'est pas nécessaire que le rapport considéré ait toujours une valeur moindre qu'une quantité finie p.

La condition $\dfrac{m[\varphi(t, x') - \varphi(t, x)]}{m(x' - x)} < p$ est équivalente à l'existence de n^2 quantités positives $c_{i,j}$, telles que, quels que soient t, x et x' dans la variété considérée, on ait toujours*)

$$\mod[\varphi_i(t, x_1', x_2', \ldots, x_n') - \varphi_i(t, x_1, x_2, \ldots, x_n)] < c_{i1}\mod(x_1' - x_1)$$
$$+ c_{i2}\mod(x_2' - x_2) + \cdots + c_{in}\mod(x_n' - x_n);$$

car il suffit de poser $p = n \times$ (le maximum des $c_{i,j}$).

---

*) C'est la condition supposée par M. Lipschitz (*Bulletin de Darboux* X, p. 149; *Annali di Matematica*, serie II, t. II, p. 288; *Differential- und Integralrechnung*, p. 500).

La même condition est une conséquence de l'existence et de la continuité des dérivées partielles des fonctions réelles $\varphi_i(t, x_1, \ldots, x_n)$ par rapport à $x_1, \ldots, x_n$; car il suffit de poser $c_{ij} = \max \bmod \dfrac{d\varphi_i}{dx_j}$. Réciproquement, si le rapport consideré a toujours une valeur moindre qu'une quantité finie p, on ne peut pas déduire l'existence des dérivées partielles $\dfrac{d\varphi_i}{dx_j}$, mais on déduit que les extrêmes oscillatoires de ces fonctions sont toujours finis.*)

On a ainsi démontré les théorèmes de Cauchy et de Lipschitz.

§ 6.

Lorsque $n = 1$, la question se simplifie. Dans ce cas on pourrait démontrer que $A(0, 0, t)$ est un intervalle, c'est-à-dire l'ensemble des points compris entre les limites inférieure et supérieure de $A(0, 0, t)$, y compris ces limites. On démontre:

P8. «Si ft est la limite supérieure de $A(0, 0, t)$, alors ft est une quantité fonction de t, définie dans l'intervalle θ, qui s'annule avec la variable, et qui dans le même intervalle satisfait à l'équation différentielle donnée».

P9. «La limite inférieure de $A(0, 0, t)$ a aussi les mêmes propriétés».

Mais lorsque ces limites ne coïncident pas (le cas de la coïncidence a été étudié au § 5), il y a une infinité d'autres fonctions qui satisfont aux mêmes conditions, et dont l'existence résulte du § suivant.

J'ai donné le théorème, qui est l'objet du § 6 dans ma Note *Sull' integrabilità delle equazioni differenziali di primo ordine* (Atti Acc. Torino, 1886, t. XXI), avec une démonstration quelque peu différente.

§ 7.

Pour démontrer le théorème en général, formons la fonction ft définie par les conditions suivantes:

P9. «Posons $f0 = 0$».

P10. «Posons $f1$ égal à un nombre arbitraire de la classe $A(0, 0, 1)$».

Alors, quelque soit t dans θ, il y a une classe commune à $A(0, 0, t)$ et à $A(f1, 1, t)$ (§4 P18). Il peut arriver que cette classe commune se réduise à un seul individu; appellons le ft; alors, en suivant les démonstrations du § 5, on peut prouver que ft satisfait à l'équation différentielle donnée; et elle est la seule solution qui s'annule

---

*) V. Volterra, *Sui principii di calcolo integrale*, Giornale di matematiche, t. XIX.

pour $t=0$, et qui pour $t=1$ prend la valeur f1, arbitrairement choisie dans la classe $A(0, 0, 1)$. Dans ce cas la solution de l'équation différentielle est définie par sa valeur initiale, et par sa valeur finale qu'on doit prendre en $A(0, 0, 1)$.

Mais si cela n'arrive pas, on peut diviser l'intervalle 0^-1 en deux parties égales et prendre pour $f\left(\frac{1}{2}\right)$ un individu arbitraire de la classe $A\left(0, 0, \frac{1}{2}\right) \cap A\left(f1, 1, \frac{1}{2}\right)$, et ainsi de suite.

P11. «En général, si ft est définie pour tous les nombres $0, \frac{1}{2^r}, \frac{2}{2^r}, \ldots, \frac{2^r-1}{2^r}, 1$, qu'on obtient en divisant r fois l'intervalle θ, alors, si t est la moyenne arithmétique de deux nombres successifs t_1 et t_2 de cette sūite, prenons pour ft un individu arbitraire de la classe commune à $A(ft_1, t_1, t)$ et $A(ft_2, t_2, t)$».

P12. «Enfin, si t est un nombre de l'intervalle θ, mais non de la forme $\frac{s}{2^r}$, où r et s sont des entiers, prenons ft égal à l'individu commun à toutes les classes $A(ft', t', t)$, où t' est un nombre quelconque dans θ, de la forme $\frac{s}{2^r}$».

Il n'est pas évident *à priori* que les définitions données soient compatibles. On le prouve dans les

P13. «La fonction f ainsi définie fait effectivement correspondre à chaque nombre θ un q_n».

P14. «Quels que soient t et t' dans θ, ft' est un individu de la classe $A(ft, t, t')$».

Voici quelques explications sur la démonstration de ces deux théorèmes:

(1) (2) (3). «Ils sont vrais pour $r=0$».

(4) (5) (6) (7) (8) (9). «S'ils sont vrais pour une valeur de r, ils le sont aussi pour la valeur $r+1$».

(10) (11) (12). «Donc il sont vrais pour toutes les valeurs de t de la forme $\frac{s}{2^r}$».

(15). «Si t_0 est un nombre de l'intervalle θ, mais non de la forme $\frac{s}{2^r}$, il existe effectivement des individus communs à toutes les classes $A(ft, t, t_0)$, où t est un nombre quelconque de l'intervalle θ, inférieur à t_0 et de la forme $\frac{s}{2^r}$».

(16). «Et il n'y a qu'un seul».

(17) (18). «Appelons-le x_0; alors il est aussi commun à toutes les

classes $A(ft', t', t_0)$, où t' est un nombre quelconque de l'intervalle θ, supérieur à t_0, et de la forme $\dfrac{s}{2^r}$».

(19). «Donc il y a un et un seul individu commun aux classes de la P 12».

(21). «Ainsi est prouvée la P13».

(22) (23) (24). «La prop. 14, déjà démontrée (12) lorsque t et t' ont la forme $\dfrac{s}{2^r}$, est aussi vraie lorsque un seul a cette forme, ou qu'aucun des deux n'a une telle forme; elle est donc démontrée en général».

P15. «La fonction ft ainsi définie, satisfait dans l'intervalle θ à l'équation donnée, comme il résulte de la P14 et de la 20 du §4».

Nous avons traduit l'expression ωa, où a est une Kq_n, qui se présente dans les P10 et P11, par «un individu arbitraire de la classe a». Mais comme on ne peut pas appliquer une infinité de fois une loi *arbitraire* avec laquelle à une classe a on fait correspondre un individu de cette classe, on a formé ici une loi *déterminée* avec laquelle à chaque classe a, sous des hypothèses convenables, on fait correspondre un individu de cette classe:

P1. «Si a est une Kq_n, nous appellons ωa le complexe $(x_1, x_2, x_3, \ldots)$ dont le premier élément x_1 est la limite supérieure des premiers éléments des complexes de la classe a;

le deuxième élément x_2 est la limite supérieure des deuxièmes éléments des complexes qui appartiennent à la classe a, et dont le premier élément est x_1;

le troisième élément x_3 est la limite supérieure des troisièmes éléments des complexes qui sont des a, et qui ont pour premier élément x_1, et pour deuxième x_2;

et ainsi de suite».

P2. «Si a est une Kq_n, non nulle, finie, et fermée, alors ωa est un individu de la classe a».

§ 1.

Sur les classes B.

Définitions.

1. $$t_0 \; \varepsilon \; q \,.\, t_1 \; \varepsilon \; t_0 \pm Q \,.\, h \; \varepsilon \; Q : \supset \,.\, \beta(t_0, t_1, h) = (q_n / t_0 {}^- t_1) \cap \overline{f \, \varepsilon}$$
    $$\left\{ t \; \varepsilon \; t_0 {}^- t_1 \,.\, \supset_t \,.\, \mathrm{m} \left[\frac{\mathrm{d} ft}{\mathrm{d} t} - \varphi(t, ft) \right] < h \right\} \text{*}).$$

---

*) En supposant que la dérivée d'une fonction ft satisfasse à une inégalité, on suppose ici l'existence de la dérivée ordinaire, ou au moins des deux dérivées à droite et à gauche, qui satisfassent à la même inégalité. Naturellement, aux extrêmes de l'intervalle, on considère l'une seulement des dérivées.

2. $t_0 \, \varepsilon \, \mathrm{q} \, . \, t_1 \, \varepsilon \, t_0 \pm \mathrm{Q} \, . \, h \, \varepsilon \, \mathrm{Q} \, . \, x_0 \, \varepsilon \, \mathrm{q_n} : \supset \, . \, \mathrm{B}(x_0, t_0, t_1, h) = \mathrm{q_n} \cap \overline{x \, \varepsilon}$

$\qquad [f \, \varepsilon \, \beta(t_0, t_1, h) \, . \, f t_0 = x_0 \, . \, f t_1 = x : \!-\!=_f \Lambda]$.

3. $t_0 \, \varepsilon \, \mathrm{q} \, . \, h \, \varepsilon \, \mathrm{Q} \, . \, x_0 \, \varepsilon \, \mathrm{q_n} : \supset \, . \, \mathrm{B}(x_0, t_0, t_0, h) = x_0$.

Conséquences immédiates.

4. $t_0 \, \varepsilon \, \mathrm{q} \, . \, t_1 \, \varepsilon \, t_0 \pm \mathrm{Q} \, . \, h \, \varepsilon \, \mathrm{Q} : \supset \, . \, \beta(t_0, t_1, h) = \beta(t_1, t_0, h)$.

5. $\quad \text{"} \qquad \text{"} \qquad . \, h, k \, \varepsilon \, \mathrm{Q} \, . \, h < k : \supset \, . \, \beta(t_0, t_1, h) \supset \beta(t_0, t_1, k)$.

6. $t_0 \, \varepsilon \, \mathrm{q} \, . \, t_1 \, \varepsilon \, t_0 + \mathrm{Q} \, . \, t_2 \, \varepsilon \, t_1 + \mathrm{Q} \, . \, h \, \varepsilon \, \mathrm{Q} : \supset \, . \, \beta(t_0, t_2, h) \supset \beta(t_0, t_1, h)$.

7. $t_0, t_1, t_2 \, \varepsilon \, \mathrm{q} \, . \, t_0 < t_1 < t_2 \, . \, h \, \varepsilon \, \mathrm{Q} \, . \, f \, \varepsilon \, \beta(t_0, t_1, h) \, . \, f \, \varepsilon \, \beta(t_1, t_2, h)$

$\qquad : \supset \, . \, f \, \varepsilon \, \beta(t_0, t_2, h)$.

8. $t_0 \, \varepsilon \, \mathrm{q} \, . \, t_1 \, \varepsilon \, t_0 \pm \mathrm{Q} \, . \, h \, \varepsilon \, \mathrm{Q} \, . \, f \, \varepsilon \, \beta(t_0, t_1, h) : \supset \, . \, f t_1 \, \varepsilon \, \mathrm{B}(f t_0, t_0, t_1, h)$.

9. $x_0 \, \varepsilon \, \mathrm{q_n}. \, t_0, t_1 \, \varepsilon \, \mathrm{q} \, . \, h \, \varepsilon \, \mathrm{Q} \, . \, x_1 \, \varepsilon \, \mathrm{B}(x_0, t_0, t_1, h) : \supset \, . \, x_0 \, \varepsilon \, \mathrm{B}(x_1, t_1, t_0, h)$

$\qquad\qquad\qquad\qquad\qquad\qquad\qquad\qquad \{P4 \supset P9\}$.

10. $t_0, t_1 \, \varepsilon \, \mathrm{q} \, . \, h, k \, \varepsilon \, \mathrm{Q} \, . \, h < k \, . \, x_0 \, \varepsilon \, \mathrm{q_n} : \supset \, . \, \mathrm{B}(x_0, t_0, t_1, h) \supset \mathrm{B}(x_0, t_0, t_1, k)$

$\qquad\qquad\qquad\qquad\qquad\qquad\qquad\qquad \{P5 \supset P10\}$.

11. $t_0 \, \varepsilon \, \mathrm{q} \, . \, t_1 \, \varepsilon \, t_0 + \mathrm{Q} \, . \, t_2 \, \varepsilon \, t_1 + \mathrm{Q} \, . \, h \, \varepsilon \, \mathrm{Q} \, . \, x_0 \, \varepsilon \, \mathrm{q_n} \, . \, x_2 \, \varepsilon \, \mathrm{B}(x_0, t_0, t_2, h)$

$\qquad : \supset \, . \, \mathrm{B}(x_0, t_0, t_1, h) \cap \mathrm{B}(x_2, t_2, t_1, h) \!-\!= \Lambda \qquad \{P6 \supset P11\}$.

12. $t_0 \, \varepsilon \, \mathrm{q} \, . \, t_1 \, \varepsilon \, t_0 + \mathrm{Q} \, . \, t_2 \, \varepsilon \, t_1 + \mathrm{Q} \, . \, h \, \varepsilon \, \mathrm{Q} \, . \, x_0 \, \varepsilon \, \mathrm{q_n} \, . \, x_1 \, \varepsilon \, \mathrm{B}(x_0, t_0, t_1, h)$

$\qquad . \, x_2 \, \varepsilon \, \mathrm{B}(x_1, t_1, t_2, h) : \supset \, . \, x_2 \, \varepsilon \, \mathrm{B}(x_0, t_0, t_2, h) \qquad \{P7 \supset P12\}$.

13. $t_0 \, \varepsilon \, \mathrm{q} \, . \, t_1 \, \varepsilon \, t_0 + \mathrm{Q} \, . \, t_2 \, \varepsilon \, t_1 + \mathrm{Q} \, . \, h \, \varepsilon \, \mathrm{Q} \, . \, x_0 \, \varepsilon \, \mathrm{q_n} \, . \, x_1 \, \varepsilon \, \mathrm{B}(x_0, t_0, t_1, h)$

$\qquad : \supset \, . \, \mathrm{B}(x_1, t_1, t_2, h) \supset \mathrm{B}(x_0, t_0, t_2, h) \qquad \{P12 = P13\}$.

14. $t_0 \, \varepsilon \, \mathrm{q} \, . \, t_1 \, \varepsilon \, t_0 + \mathrm{Q} \, . \, t_2 \, \varepsilon \, t_1 + \mathrm{Q} \, . \, h \, \varepsilon \, \mathrm{Q} \, . \, x_0, x_2 \, \varepsilon \, \mathrm{q_n} \, . \, \mathrm{B}(x_0, t_0, t_1, h)$

$\qquad \cap \mathrm{B}(x_2, t_2, t_1, h) \!-\!= \Lambda : \supset \, . \, x_2 \, \varepsilon \, \mathrm{B}(x_0, t_0, t_2, h)$

$\qquad\qquad\qquad\qquad\qquad\qquad\qquad\qquad \{P12 = P14\}$.

Théorèmes dont dans la suite on ne fera pas d'usage.

15. $t_0 \, \varepsilon \, \mathrm{q} \, . \, x_0 \, \varepsilon \, \mathrm{q_n} \, . \, f t = x_0 + (t - t_0) \, \varphi(t_0, x_0) \, . \, h \, \varepsilon \, \mathrm{Q} : \supset \, \therefore \, t' \, \varepsilon \, t_0 - \mathrm{Q}$

$\qquad . \, t'' \, \varepsilon \, t_0 + \mathrm{Q} \, . \, f \, \varepsilon \, \beta(t', t'', h) : \!-\!=_{t', t''} \Lambda$.

16. $t_0 \, \varepsilon \, \mathrm{q}. \, x_0 \, \varepsilon \, \mathrm{q_n} \, . \, h \, \varepsilon \, \mathrm{Q} \, . \, z \, \varepsilon \, \mathrm{q_n} \, . \, \mathrm{m} \, [z - \varphi(x_0, t_0)] < h \, . \, f t = x_0 + (t - t_0) z$

$\qquad : \supset \, \therefore \, t' \, \varepsilon \, t_0 - \mathrm{Q}. \, t'' \, \varepsilon \, t_0 + \mathrm{Q} \, . \, f \, \varepsilon \, \beta(t', t'', h) : \!-\!=_{t', t''} \Lambda$.

§ 2.

Existence des classes B.

Théorème.

1. $t_0 \, \varepsilon \, \mathrm{q} \cdot t_1 \, \varepsilon \, t_0 + \mathrm{Q} \, . \, x_0 \, \varepsilon \, \mathrm{q_n} \, . \, p \, \varepsilon \, \mathrm{Q} \, . \, l = \mathrm{l'm} \, \varphi(t_0 - t_1, \, x_0 + \theta \overline{\mathrm{m}} p)$

$\qquad . \, (t_1 - t_0) l < p \, . \, h \, \varepsilon \, \mathrm{Q} : \supset : t \, \varepsilon \, t_0 - t_1 \, . \, \supset_t \, . \, \mathrm{B}(x_0, t_0, t, h) \cap [x_0$

$\qquad + (t - t_0) \theta \overline{\mathrm{m}} l] \!-\!= \Lambda$.

Démonstration.

(1) $\mathrm{Hp} \,.\, k',\, k'' \; \varepsilon \; \mathrm{Q} \,\therefore\, t,\, t' \; \varepsilon \; t_0{}^-t_1 \,.\, \mathrm{m}(t - t') < k' \,.\, x,\, x' \; \varepsilon \; x_0 + \theta\overline{m}p$
     $.\, \mathrm{m}(x - x') < k'' : \supset_{t,t',x,x'} .\, \mathrm{m}\,[\varphi(t,\, x) - \varphi(t',\, x')] < h ::\, -$
     $= _{k',k''} \Lambda \,.$

     {C'est le théorème connu sous le nom de la continuité équable,
     gleichmässige Stetigkeit}.

(2) $\mathrm{Hp} \,.\, k \; \varepsilon \; \mathrm{Q} \,\therefore\, t,\, t' \; \varepsilon \; t_0{}^-t_1 \,.\, \mathrm{m}(t-t') < k \,.\, x,\, x' \; \varepsilon \; x_0 + \theta\overline{m}p \,.\, \mathrm{m}(x-x')$
     $< kl : \supset_{t,t',x,x'} .\, \mathrm{m}\,[\varphi(t,\, x) - \varphi(t',\, x')] < h :: -\, =_{k} \Lambda \,.$

     $\left\{\mathrm{Hp}\,(1) \,.\, k = \min\left(k',\, \dfrac{k''}{l}\right) : \supset (2)\right\}.$

(3) $\mathrm{Hp}\,(2) \,.\, t' \; \varepsilon \; t_0{}^-t_1 \,.\, x' \; \varepsilon \; x_0 + (t'-t_0)\overline{m}\,\theta l \,.\, t'' \; \varepsilon \; t'-t_1 \,.\, t'' < t'+ k \,.\, ft$
     $= x' + (t-t')\varphi(t',\, x') : \supset : ft'' \; \varepsilon \; \mathrm{B}(x',\, t',\, t'',\, h) \,.\, ft'' \; \varepsilon \; x_0$
     $+ (t''-t_0)\theta\overline{m}\,l \,.$

     $\big\{\mathrm{Hp} \,.\, t \; \varepsilon \; t'-t'' : \supset : t,\, t' \; \varepsilon \; t_0{}^-t_1 \,.\, t - t' < k \cdot \mathrm{m}(ft - x') \leq (t-t')l$
     $< kl \,.\, ft \; \varepsilon \; x' + \theta\overline{m}p : \supset : \mathrm{m}\,[\varphi(t,\, ft) - \varphi(t',\, x')] < h \cdot \dfrac{\mathrm{d}ft}{\mathrm{d}t}$
     $= \varphi(t',\, x') : \supset : \mathrm{m}\!\left[\dfrac{\mathrm{d}ft}{\mathrm{d}t} - \varphi(t,\, ft)\right] < h \,.$

     $\mathrm{Hp} \,.\, \supset : f \; \varepsilon \; \beta(t',\, t'',\, h) \,.\, ft' = x' .\; \text{§1 P8} : \supset \,.\, \mathrm{Ts}\big\}.$

(4) $\mathrm{Hp}\,(2) \,.\, t' \; \varepsilon \; t_0{}^-t_1 \,.\, x' \; \varepsilon \; x_0 + (t'-t_0)\theta\overline{m}\,l \,.\, t'' \; \varepsilon \; t'-t_1 \,.\, t'' < t'+ k : \supset$
     $.\, \mathrm{B}(x',\, t',\, t'',\, h) \cap [x_0 + (t''-t_0)\theta\overline{m}\,l] -\!- = \Lambda$ {(3) $\supset$ (4)}.

(5) $\mathrm{Hp}\,(2) \,.\, t' \; \varepsilon \; t_0{}^-t_1 \,.\, x' \; \varepsilon \; \mathrm{B}(x_0,\, t_0,\, t',\, h) \cap [x_0 + (t'-t_0)\theta\overline{m}\,l] \,.\, t'' \; \varepsilon \; t'-t_1$
     $.\, t'' < t' + k : \supset . \, \mathrm{B}(x_0,\, t_0,\, t'',\, h) \cap [x_0 + (t''-t_0)\theta\overline{m}\,l] -\!- = \Lambda$
     {(4) . §1 P13 : $\supset$. (5)}.

(6) $\mathrm{Hp}\,(2) \,.\, z = \overline{t}\,\varepsilon \,\{t \; \varepsilon \; t_0{}^-t_1 \,.\, \mathrm{B}(x_0, t_0, t_1, h) \cap [x_0 + (t-t_0)\theta\overline{m}\,l] -\!- = \Lambda\} : \supset ::$
     $t_0 \; \varepsilon \; z \,\therefore\, t' \; \varepsilon \; z \,.\, t'' \; \varepsilon \; t'-t_1 \,.\, t'' < t' + k : \supset_{t',t''} .\, t'' \; \varepsilon \; z$ {(5)$\supset$(6)}.

(7) $t_0 \; \varepsilon \; \mathrm{q} \,.\, t_1 \; \varepsilon \; t_0 + \mathrm{Q} \,.\, z \; \varepsilon \; \mathrm{K}q \,.\, z \supset t_0{}^-t_1 \,.\, t_0 \; \varepsilon \; z \,.\, k \; \varepsilon \; \mathrm{Q} \,\therefore\, t' \; \varepsilon \; z \,.\, t'' \; \varepsilon \; t'-t_1$
     $.\, t'' < t' + k : \supset_{t',t''} .\, t'' \; \varepsilon \; z :: \supset .\, z = t_0{}^-t_1$

     {Proposition évidente}.

(8) $\mathrm{Hp}\,(6) \,.\, \supset .\, z = t_0{}^-t_1 \,.$ {(6) (7) $\supset$ (8)}.

(9) $\mathrm{Hp}\,(2) \,.\, t \; \varepsilon \; t_0{}^-t_1 : \supset .\, \mathrm{B}(x_0,\, t_0,\, t,\, h) \cap [x_0 + (t-t_0)\theta\overline{m}\,l] -\!- = \Lambda$
     {(8) = (9)}.

(10) $\mathrm{Hp} \supset \mathrm{Ts}$ {(2) (9) $\supset$ (10) = P1}.

Théorèmes.

2. $t_0 \, \varepsilon \, \mathrm{q} \, . \, t_1 \, \varepsilon \, t_0 + \mathrm{Q} \, . \, x_0 \, \varepsilon \, \mathrm{q_n} \, . \, p \, \varepsilon \, \mathrm{Q} \, . \, l = \mathrm{l'm} \, \varphi(t_0^- t_1, \, x_0 + \theta \overline{\mathrm{m}} p)$

$\qquad . \, (t_1 - t_0)l < p \, . \, h \, \varepsilon \, \mathrm{Q} \, . \, t \, \varepsilon \, t_0^- t_1 : \mho \, . \, \mathrm{B}(x_0, \, t_0, \, t, \, h) \, \cap \, (x_0 +$

$\qquad \theta \overline{\mathrm{m}} p) \, {\text{--}} = \Lambda \qquad\qquad\qquad \{\mathrm{P1} \, \mho \, \mathrm{P2}\} .$

3. $h \, \varepsilon \, \mathrm{Q} \, . \, t \, \varepsilon \, \theta : \mho \, . \, \mathrm{B}(0, \, 0, \, t, \, h) \, \cap \, \overline{\mathrm{m}} \, \theta \, {\text{--}} = \Lambda$

$$\left\{ \begin{pmatrix} 0 & 1 & 0 & 1 \\ t_0 & t_1 & x_0 & p \end{pmatrix} \mathrm{P2} = \mathrm{P3} \right\} .$$

4. $h \, \varepsilon \, \mathrm{Q} \, . \, t \, \varepsilon \, \theta : \mho \, . \, \mathrm{B}(0, \, 0, \, t, \, h) \, {\text{--}} = \Lambda \qquad \{\mathrm{P3} \, \mho \, \mathrm{P4}\} .$

§ 3.

Propriétés des classes B.

Lemmes.

$\{$Dans les lemmes suivants, $\psi(t, z)$ désigne une fonction réelle des deux variables réelles t et $z\}$.

1. $t_0 \, \varepsilon \, \mathrm{q} \, . \, t_1 \, \varepsilon \, t_0 + \mathrm{Q} \, . \, f_1, f_2 \, \varepsilon \, \mathrm{q}/t_0^- t_1 \, . \, f_1 t_0 = f_2 t_0 \, \therefore \, t \, \varepsilon \, t_0^- t_1 \, . \, \mho \, t {:} \, f_1' t$

$\qquad < \psi(t, f_1 \, t) \, . \, f_2' t > \psi(t, f_2 t) :: \mho \, . \, f_1 t_1 < f_2 t_1 . {}^{*})$

$\{(1) \; \mathrm{Hp} \, . \, \mho :: f_1' t_0 < f_2' t_0 \, . \, \mho :: t' \, \varepsilon \, t_0 + \mathrm{Q} : t \, \varepsilon \, (t_0 + \mathrm{Q}) \, \cap \, (t' - \mathrm{Q}) \, . \, \mho t \, .$

$\qquad f_1 t < f_2 t \, \therefore \, {\text{--}} \, {=}_{t'} \, \Lambda \cdot$

$(2) \quad \mathrm{Hp} \, . \, t_2 = \mathrm{l'} \overline{t' \, \varepsilon} \, [t' \, \varepsilon \, t_0^- t_1 : t \, \varepsilon \, (t_0 + \mathrm{Q}) \, \cap \, (t' - \mathrm{Q}) \, . \, \mho t \, . \, f_1 t < f_2 t] \, . \, (1)$

$\qquad : \mho : t_2 \, \varepsilon \, t_0 + \mathrm{Q} \, . \, t_2 \leq t_1 \, . \, f_1 t_2 \leq f_2 t_2 .$

$(3) \quad \mathrm{Hp}(2) \, . \, f_1 t_2 = f_2 t_2 : \mho \, \therefore \, f_1' t_2 < f_2' t_2 : t \, \varepsilon \, (t_0 + \mathrm{Q}) \, \cap \, (t_2 - \mathrm{Q}) \, . \, \mho t$

$\qquad . \, f_1 t < f_2 t \, \therefore \, \mho \, . \, \Lambda \cdot$

$(4) \quad \mathrm{Hp}(2) \, . \, (2) \, . \, (3) : \mho : t_2 \, \varepsilon \, t_0 + \mathrm{Q} \, . \, t_2 \leq t_1 \, . \, f_1 t_2 < f_2 t_2 .$

$(5) \quad \mathrm{Hp}(2) \, . \, t_2 < t_1 \, . \, f_1 t_2 < f_2 t_2 : \mho :: t_3 \, \varepsilon \, t_2^- t_1 \, . \, t_3 > t_2 : t \, \varepsilon \, t_1^- t_3 \, . \, \mho t$

$\qquad . \, f_1 t < f_2 t \, \therefore \, {\text{--}} \, {=}_{t_3} \, \Lambda :: \mho :: t_3 \, \varepsilon \, t_0^- t_1 \, . \, t_3 > t_2 : t \, \varepsilon \, (t_0 + \mathrm{Q})$

$\qquad \cap \, (t_3 - \mathrm{Q}) \, . \, \mho t \, . \, f_1 t < f_2 t \, \therefore \, {\text{--}} \, {=}_{t_3} \, \Lambda :: \mho \, . \, \Lambda \cdot$

$(6) \quad \mathrm{Hp}(2) \, . \, (4) \, . \, (5) : \mho : t_2 = t_1 \, . \, f_1 t_1 < f_2 t_1 .$

$\qquad \mathrm{Hp} \, . \, (6) : \mho \, . \, \mathrm{Ts.} \}$

2. $t_0 \, \varepsilon \, \mathrm{q} \, . \, t_1 \, \varepsilon \, t_0 - \mathrm{Q} \, . \, f_1, f_2 \, \varepsilon \, \mathrm{q}/t_0^- t_1 \, . \, f_1 t_0 = f_2 t_0 \, \therefore \, t \, \varepsilon \, t_0^- t_1 \, . \, \mho t {:} \, f_1' t$

$\qquad < \psi(t, f_1 t) \, . \, f_2' t > \psi(t, f_2 \, t) :: \mho \, . \, f_1 t_1 > f_2 t_1 .$

$\{$Dém. analogue. Il suffit aussi de changer t en $-t$ dans le lemme 1$\}$.

${}^{*})$ Ici f_1' et f_2' désignent les dérivées des f_1 et f_2. Sur leur existence on fait les mêmes suppositions que dans la note au § 1. Les fonctions f_1 et f_2 sont donc nécessairement continues.

3. $t_0 \, \varepsilon \, q \, . \, t_1 \, \varepsilon \, t_0 \pm Q \, . \, f_1, f_2 \, \varepsilon \, q / t_0{}^{-}t_1 \, . \, f_1 t_0 = f_2 t_0 \therefore t \, \varepsilon \, t_0{}^{-}t_1 \, . \, \supset_t : f_1' t$

$\qquad < \psi(t, f_1 t) \, . \, f_2' t > \psi(t, f_2 t) :: \supset \, . \, \dfrac{f_2 t_1 - f_1 t_1}{t_1 - t_0} > 0$

$$\{ P1 \cap P2 = P3 \}.$$

Théorèmes.

4. $t_0 \, \varepsilon \, q \, . \, t_1 \, \varepsilon \, t_0 \pm Q \, . \, h, k \, \varepsilon \, Q \, . \, x_0, a \, \varepsilon \, q_n : t \, \varepsilon \, t_0{}^{-}t_1 \, . \, \supset_t . \, \mathrm{l'm} \{ \varphi[t, x_0$

$\qquad + (t - t_0)a + (t - t_0)\overline{\mathrm{m}}(h + k)] - a \} < k : f \, \varepsilon \, \beta(t_0, t_1, h)$

$\qquad . \, f t_0 = x_0 \therefore \supset \, . \, \mathrm{m}\left(\dfrac{f t_1 - x_0}{t_1 - t_0} - a \right) < h + k.$

$\{ \mathrm{Hp} \, . \, f_1 t = \mathrm{m}[f t - x_0 - (t - t_0)a] \, . \, f_2 t = (t - t_0)(h + k) \, . \, \psi(t, \mathit{z})$

$\qquad = h + \mathrm{l'm} \{ \varphi[t, x_0 + (t - t_0)a + \overline{\mathrm{m}}\mathit{z}] - a \} : \supset :: f_1, f_2 \, \varepsilon$

$\qquad q / t_0{}^{-}t_1 \, . \, f_1 t_0 = f_2 t_0 = 0 \therefore t \, \varepsilon \, t_0{}^{-}t_1 \, . \, \supset_t \, . \, f_1' t \leq \mathrm{m}(f' t - a)$

$\qquad \leq \mathrm{m}[f' t - \varphi(t, f t)] + \mathrm{m}[\varphi(t, f t) - a] < h + \mathrm{l'm} \{ \varphi[t, x_0$

$\qquad + (t - t_0)a + \overline{\mathrm{m}} f_1 t] - a \} = \psi(t, f_1 t) \, . \, f_2' t = h + k > \psi(t,$

$\qquad f_2 t) \therefore \mathrm{P3} :: \supset :: \dfrac{f_2 t_1 - f_1 t_1}{t_1 - t_0} > 0 :: \supset \, . \, \mathrm{Ts} \}.$

5. $t_0 \, \varepsilon \, q \, . \, t_1 \, \varepsilon \, t_0 \pm Q \, . \, h, k \, \varepsilon \, Q \, . \, x_0, a \, \varepsilon \, q_n \, . \, p \, \varepsilon \, Q \, . \, \mathrm{m}(t_1 - t_0)$

$\qquad < \dfrac{p}{\mathrm{m}a + h + k} \cdot \mathrm{l'm}[\varphi(t_0{}^{-}t_1, x_0 + \theta \overline{\mathrm{m}} p) - a] < k \, . \, x_1 \, \varepsilon \, \mathrm{B}$

$\qquad (x_0, t_0, t_1, h) : \supset \, . \, \mathrm{m}\left(\dfrac{x_1 - x_0}{t_1 - t_0} - a \right) < h + k.$

$\{ (1) \; \mathrm{Hp} \, . \, t \, \varepsilon \, t_0{}^{-}t_1 : \supset : x_0 + (t - t_0)a + (t - t_0)\overline{\mathrm{m}}(h + k) \supset x_0 + \theta(t_1$

$\qquad - t_0)\overline{\mathrm{m}}(\mathrm{m}a + h + k) \supset x_0 + \theta\overline{\mathrm{m}} p \, . \, \mathrm{l'm} \{ \varphi[t, x_0 + (t - t_0)a$

$\qquad + (t - {}'t_0)\overline{\mathrm{m}}(h + k)] - a \} \leq \mathrm{l'm}[\varphi(t_0{}^{-}t_1, x_0 + \theta \overline{\mathrm{m}} p) - a] < k.$

$(2) \quad \mathrm{Hp} \, . \, f \, \varepsilon \, \beta(t_0, t_1, h) \, . \, f t_0 = x_0 \, . \, f t_1 = x_1 \, . \, (1) \, . \, \mathrm{P4} : \supset \, . \, \mathrm{Ts}.$

$\mathrm{Hp} \, . \, (2) : \supset \, . \, \mathrm{Ts} \}.$

6. $t_0 \, \varepsilon \, q \, . \, t_1 \, \varepsilon \, t_0 \pm Q \, . \, h, k \, \varepsilon \, Q \, . \, x_0, a \, \varepsilon \, q_n \, . \, p \, \varepsilon \, Q \, . \, \mathrm{m}(t_1 - t_0) \times (\mathrm{m}a + h + k)$

$\qquad < p \, . \, \mathrm{l'm}[\varphi(t_0{}^{-}t_1, x_0 + \theta \overline{\mathrm{m}} p) - a] < k : \supset : \mathrm{B}(x_0, t_0, t_1, h) \supset x_0$

$\qquad + (t_1 - t_0)[a + \theta \overline{\mathrm{m}}(h + k)]. \qquad\qquad \{ \mathrm{P5} = \mathrm{P6} \}.$

7. $h \, \varepsilon \, Q : t \, \varepsilon \, \theta \, . \, \supset_t \, . \, \mathrm{B}(0, 0, t, h) \supset \overline{\mathrm{m}} \theta \dot{t} \therefore - =_h \Lambda.$

$\{ (1) \; h \, \varepsilon \, Q \, . \, h < 1 - \mathrm{l'm} \varphi(\theta, \overline{\mathrm{m}} \theta) : - =_h \Lambda.$

$(2) \quad h \, \varepsilon \, Q \, . \, h < 1 - \mathrm{l'm} \varphi(\theta, \overline{\mathrm{m}} \theta) : \supset \therefore k \, \varepsilon \, Q \, . \, \mathrm{l'm} \varphi(\theta, \overline{\mathrm{m}} \theta) < k < 1$

$\qquad - h : - =_k \Lambda.$

$(3) \quad h \, \varepsilon \, Q \, . \, h < 1 - \mathrm{l'm} \varphi(\theta, \overline{\mathrm{m}} \theta) \, . \, k \, \varepsilon \, Q \, . \, \mathrm{l'm} \varphi(\theta, \overline{\mathrm{m}} \theta) < k < 1$

$\qquad - h \, . \, t \, \varepsilon \, \theta \, . \, \begin{pmatrix} 0, & t, & 0, & 0, & 1 \\ t_0, & t_1, & x_0, & a, & p \end{pmatrix} \mathrm{P6} : \supset \, . \, \mathrm{B}(0, 0, t, h) \supset \overline{\mathrm{m}} \theta t.$

$\qquad (1) \, (2) \, (3) \supset \mathrm{P7} \}.$

8. $h \, \varepsilon \, Q : t \, \varepsilon \, \theta \, . \, \supset_t \, . \, \mathrm{B}(0, 0, t, h) \supset \overline{\mathrm{m}} \theta \therefore - =_h \Lambda \qquad\qquad \{ \mathrm{P7} \supset \mathrm{P8} \}.$

Théorème.

9. $x_0 \; \varepsilon \; q_n \cdot t_0 \; \varepsilon \; q \cdot t_1 \; \varepsilon \; t_0 + Q \cdot h, k \; \varepsilon \; Q : \cap \cdot C\,B(x_0, t_0, t_1, h) \cap B(x_0,$

     $t_0, t_1, h + k).$

Démonstration.*)

(1) $\mathrm{Hp} \cdot x_1 \; \varepsilon \; C\,B(x_0, t_0, t_1, h) \cdot a = \varphi(t_1, x_1) : \cap \; \therefore \; t_2 \; \varepsilon \; (t_0 + Q) \cap (t_1$

     $- Q) \cdot p \; \varepsilon \; Q \cdot \mathrm{l'm}\,[\varphi(t_2 - t_1, x_1 + \theta \overline{\mathrm{m}} p) - a] < \dfrac{1}{3} k : -$

     $=_{t_2, p} \Lambda \cdot$

---

*) Nous traduirons en langage ordinaire cette longue démonstration:

(1). Dans les Hp. du Théor., soit x_1 un point de la classe $C\,B(x_0, t_0, t_1, h)$. [Le cas nous interesse, où x_1 n'appartient pas à la classe $B(x_0, t_0, t_1, h)$, mais où il est un point limite de cette classe]. Posons, pour simplifier, $a = \varphi(t_1, x_1)$. Alors [par la définition de la continuité] on peut déterminer un nombre t_2 plus grand que t_0 et plus petit que t_1, et une quantité positive p, de façon que, lorsque t varie dans l'intervalle $t_2\bar{\ }t_1$, et que x acquiert toutes les valeurs qui différent de x_1 d'une quantité dont le module n'est pas supérieur à p, les valeurs de $\varphi(t, x)$ différent de $a = \varphi(t_1, x_1)$ d'une quantité dont le module soit toujours inférieur à $\dfrac{1}{3} k$.

(2). x_1 et a ayant la même signification que dans (1), si t_2 et p sont des nombres qui ont les proprietés qu'on vient d'expliquer, et si l'on appelle t_3 le plus grand des nombres t_2 et $t_1 - \dfrac{p}{m\,a + h + k}$; alors t_3 est plus grand que t_0 et plus petit que t_1; lorsque t varie dans l'intervalle $t_3\bar{\ }t_1$, et x dans la sphère de centre x_1 et de rayon p, les différences entre les valeurs de $\varphi(t, x)$ et a ont des modules toujours moindres que $\dfrac{1}{3} k$; et le produit de $t_1 - t_3$ par $m\,a + h + k$ n'est pas supérieur à p.

(3). Dans les mêmes notations de (1), si p est un nombre positif, et t_3 une quantité entre t_0 et t_1, qui a les proprietés qu'on vient d'énoncer, toute la sphère de centre $x_1 + (t_3 - t_1)a$, et de rayon $(t_1 - t_3)\left(h + \dfrac{2}{3} k\right)$ est contenue dans $B(x_1, t_1, t_3, h + k)$.

En effet soit x_3 un point de cette sphère; posons $ft = x_1 + \dfrac{t - t_1}{t_3 - t_1}(x_3 - x_1)$. Alors les valeurs de la fonction ft pour $t = t_1$ et $t = t_3$ sont respectivement x_1 et x_3; quel que soit t dans l'intervalle $t_3\bar{\ }t_1$, la différence entre ft et x_1 a un module inférieur à p $\Big[$ car dans cette différence $\dfrac{t - t_1}{t_3 - t_1}(x_3 - x_1)$, le premier facteur n'est pas supérieur à l'unité, et puisque x_3 est un point de la sphère, on a:

$$\mathrm{m}\,[x_3 - x_1 - (t_3 - t_1)a] \leqq (t_1 - t_3)\left(h + \dfrac{2}{3} k\right)$$

d'où

$$\mathrm{m}(x_3 - x_1) \leqq (t_1 - t_3)\left(m\,a + h + \dfrac{2}{3} k\right) < (t_1 - t_3)(m\,a + h + k) \leqq p \Big].$$

Par conséquence la différence entre $\varphi(t, ft)$ et a a un module inférieur à $\dfrac{k}{3}$.

D'autre part $f't = \dfrac{x_3 - x_1}{t_3 - t_1}$; et $\mathrm{m}[f't - \varphi(t, ft)]$ n'est pas supérieur à la somme

$$(2)\quad \mathrm{Hp}(1) \, . \, t_2 \; \varepsilon \; (t_0 + Q) \frown (t_1 - Q) \, . \, p \; \varepsilon \, Q \, . \, \mathrm{l'm}\,[\varphi(t_2 - t_1, \, x_1 + \theta\,\overline{\mathrm{m}}\,p) - a]$$
$$< \frac{1}{3}\,k \, . \, t_3 = \max\left(t_2, \, t_1 - \frac{p}{\mathrm{m}\,a + h + k}\right) : \mathrm{O} : t_3 \; \varepsilon \; (t_0 + Q) \frown (t_1$$
$$- \, Q) \, . \, \mathrm{l'm}\,[\varphi(t_3 - t_1, \, x_1 + \theta\,\overline{\mathrm{m}}\,p) - a] < \frac{1}{3}\,k \, \cdot \, (t_1 - t_3)\,(\mathrm{m}\,a$$
$$+ \, h + k) < p.$$

de $\mathrm{m}\!\left[\dfrac{x_3 - x_1}{t_3 - t_1} - a\right]$, qui est inférieur ou égal à $h + \dfrac{2}{3}\,k$, et de $\mathrm{m}\,[\varphi(t, ft) - a]$,

inférieur à $\dfrac{1}{3}\,k$. Donc, quelque soit t dans $t_3\!\bar{}t_1$, on a $\mathrm{m}\,[f't - \varphi(t, ft)] < h + k$.

Cela signifie que la fonction f est une de celles qu'on a appellées $\beta(t_1, t_3, h + k)$; et sa valeur x_3 pour $t = t_3$ est effectivement un point de $\mathrm{B}(x_1, t_1, t_3, h + k)$.

(4). Maintenant [puisque x_1 est un point limite de $\mathrm{B}(x_0, t_0, t_1, h)$], on peut déterminer un point x_1' de $\mathrm{B}(x_0, t_0, t_1, h)$ dont la distance à x_1 soit plus petite que le nombre positif $\dfrac{1}{3}\,k\,(t_1 - t_3)$.

(5). x_1, a, p, t_3 ayant toujours la même signification, si x_1' est un point qui a les propriétés qu'on vient de dire, alors toute la classe $\mathrm{B}(x_1', t_1, t_3, h)$ est contenue dans la sphère de centre $x_1 + (t_3 - t_1)\,a$ et de rayon $(t_1 - t_3)\!\left(h + \dfrac{2}{3}\,k\right)$, dont on a parlé dans (3).

En effet si dans la P6, à t_0, t_1, k, x_0 on substitue t_1, t_3, $\dfrac{1}{3}\,k$, x_1', on voit que toutes les hypothèses sont satisfaites; on déduit que $\mathrm{B}(x_1', t_1, t_3, h)$ est contenue dans la sphère de centre $x_1' + (t_3 - t_1)\,a$, et de rayon $(t_1 - t_3)\!\left(h + \dfrac{1}{3}\,k\right)$; de là $\left[\text{puisque } \mathrm{m}(x_1' - x_1) < \dfrac{1}{3}\,k\,(t_1 - t_3)\right]$ on déduit la prop. à démontrer.

(6). Donc, par les (3) et (5), la classe $\mathrm{B}(x_1', t_1, t_3, h)$ est contenue dans $\mathrm{B}(x_1, t_1, t_3, h + k)$.

(7). Dans les Hyp. du Théor., si x_1 est un $\mathrm{CB}(x_0, t_0, t_1, h)$; si p est un nombre positif, et t_3 un nombre plus grand que t_0 et plus petit que t_1, tels que lorsque t varie dans $t_3\!\bar{}t_1$ et x dans la sphère de centre x_1 et de rayon p les valeurs des modules des différences entre les valeurs de $\varphi(t, x)$ et $\varphi(t_1, x_1)$ soient toutes moindres que $\dfrac{1}{3}\,k$; si $(t_1 - t_3)\,[\mathrm{m}\,\varphi(t_1, x_1) + h + k] < p$; et si x_1' est un point de $\mathrm{B}(x_0, t_0, t_1, h)$, dont la distance à x_1 est plus petite que $\dfrac{1}{3}\,k\,(t_1 - t_3)$;

alors, par la §1 P11, il y a des points communs aux deux classes $\mathrm{B}(x_0, t_0, t_3, h)$ et $\mathrm{B}(x_1', t_1, t_3, h)$;

donc il y a aussi des points communs aux deux classes $\mathrm{B}(x_0, t_0, t_3, h)$ et $\mathrm{B}(x_1, t_1, t_3, h + k)$, car, par la (6), la dernière classe de cette couple contient la deuxième classe de la couple précédente;

donc, il y a aussi des points communs aux deux classes $\mathrm{B}(x_0, t_0, t_3, h + k)$ et $\mathrm{B}(x_1, t_1, t_3, h + k)$, car par la §1 P10, la première de cette couple contient la première de la couple précédente;

et enfin, par la §1 P14, x_1 est un point de $\mathrm{B}(x_0, t_0, t_1, h + k)$.

(8). Dans la conclusion de (7) n'entrent plus p, t_3, et x_1'; mais comme dans les (1), (2) et (4) on a démontré leur existence, on a:

Des Hyp. du Théor., si x_1 est un point limite de $\mathrm{B}(x_0, t_0, t_1, h)$, il est un point de $\mathrm{B}(x_0, t_0, t_1, h + k)$.

Ainsi est démontré le théorème.

(3) $\quad$ Hp(1) $. \, p \, \varepsilon \, Q \, . \, t_3 \, \varepsilon \, (t_0 + Q) \cap (t_1 - Q) \, . \, \mathrm{l'm}\,[\varphi\,(t_3 - t_1, x_1 + \theta\overline{m}p) - a]$

$\qquad < \frac{1}{3}\,k\,.\,(t_1 - t_3)\,(\mathrm{m}a + h + k) < p : \supset : x_1 + (t_3 - t_1)\Big[a +$

$\qquad \theta\,\overline{\mathrm{m}}\Big(h + \frac{2}{3}\,k\Big)\Big]\,\sigma\,\mathrm{B}\,(x_1, t_1, t_3, h + k).$

$\qquad \{\mathrm{Hp}\,.\,x_3\,\varepsilon\,x_1 + (t_3 - t_1)\Big[a + \theta\overline{\mathrm{m}}\Big(h + \frac{2}{3}\,k\Big)\Big]\,.\,ft = x_1 +$

$\qquad \frac{t - t_1}{t_3 - t_1}\,(x_3 - x_1) :: \supset :: ft_1 = x_1\,.\,ft_3 = x_3 \,\therefore\, t\,\varepsilon\,t_3^{\,-}t_1 : \supset t$

$\qquad : ft\,\varepsilon\,x_1 + \theta\overline{\mathrm{m}}p\,.\,\mathrm{m}\,[\varphi\,(t, ft) - a] < \frac{k}{3}\,.\,\mathrm{m}\,[f't - \varphi\,(t, ft)]$

$\qquad \leq \mathrm{m}\Big[\frac{x_3 - x_1}{t_3 - t_1} - a\Big] + \mathrm{m}\,[\varphi\,(t, ft) - a] \leq \Big(h + \frac{2}{3}\,k\Big) + \frac{1}{3}\,k =$

$\qquad h + k :: \supset :: f\,\varepsilon\,\beta\,(t_1, t_3, h + k)\,.\,x_3\,\varepsilon\,\mathrm{B}\,(x_1, t_1, t_3, h + k)\}.$

(4) $\quad$ Hp(3) $. \, \supset \, \therefore \, x_1'\,\varepsilon\,\mathrm{B}\,(x_0, t_0, t_1, h)\,.\,\mathrm{m}\,(x_1' - x_1) < \frac{1}{3}\,k\,(t_1 - t_3)$

$\qquad :-=_{x_1'}\,\Lambda\,.$

(5) $\quad$ Hp(3) $. \, x_1'\,\varepsilon\,\mathrm{B}\,(x_0, t_0, t_1, h)\,.\,\mathrm{m}\,(x_1' - x_1) < \frac{1}{3}\,k\,(t_1 - t_3) : \supset \,.\,\mathrm{B}\,(x_1',$

$\qquad t_1, t_3, h)\,\supset\,x_1 + (t_3 - t_1)\Big[a + \theta\,\overline{\mathrm{m}}\Big(h + \frac{2}{3}\,k\Big)\Big]$

$\qquad \Big\{\begin{pmatrix} t_1 & t_3 & \frac{1}{3}\,k & x_1' \\ t_0 & t_1 & k & x_0 \end{pmatrix}\mathrm{P6}\,.\,\supset\,.\,\mathrm{B}\,(x_1', t_1, t_3, h)\,\supset\,x_1' + (t_3 - t_1)\times$

$\qquad \Big[a + \theta\overline{\mathrm{m}}\Big(h + \frac{1}{3}\,k\Big)\Big]\,.\,\supset\,.\,(5)\Big\}\,.$

(6) $\quad$ Hp(5) $. \, (3)\,.\,(5) : \supset\,.\,\mathrm{B}\,(x_1', t_1, t_3, h)\,\supset\,\mathrm{B}\,(x_1, t_1, t_3, h + k).$

(7) $\quad$ Hp(5) $. \, \S1\,\mathrm{P}11 : \supset : \mathrm{B}\,(x_0, t_0, t_3, h)\,\cap\,\mathrm{B}\,(x_1', t_1, t_3, h) - = \Lambda\,.\,(6) : \supset$

$\qquad : \mathrm{B}\,(x_0, t_0, t_3, h)\,\cap\,\mathrm{B}\,(x_1, t_1, t_3, h + k) - = \Lambda\,.\,\S1\,\mathrm{P}10 : \supset$

$\qquad \mathrm{B}\,(x_0, t_0, t_3, h + k)\,\cap\,\mathrm{B}\,(x_1, t_1, t_3, h + k) - = \Lambda\,.\,\S1\,\mathrm{P}14 : \supset : x_1$

$\qquad \varepsilon\,\mathrm{B}\,(x_0, t_0, t_1, h + k).$

(8) $\quad$ Hp $. \, x_1\,\varepsilon\,\mathrm{C}\,\mathrm{B}\,(x_0, t_0, t_1, h)\,.\,(1)\,.\,(2)\,.\,(4)\,.\,(7) : \supset\,.\,x_1\,\varepsilon\,\mathrm{B}\,(x_0, t_0,$

$\qquad t_1, h + k).$

$\quad$ Hp $. \, (8) : \supset\,.\,\mathrm{Ts}.$

<h2 style="text-align:center">§ 4.</h2>

Sur les classes A.

Définitions.

1. $\quad t_0\,\varepsilon\,\mathrm{q}\,.\,t_1\,\varepsilon\,t_0 \pm Q\,.\,x_0\,\varepsilon\,\mathrm{q_n} : \supset\,.\,\mathrm{A}\,(x_0, t_0, t_1) = \mathrm{B}\,(x_0, t_0, t_1, 0) = \lim$

$\qquad \mathrm{B}\,(x_0, t_0, t_1, h).$

2. $\quad t_0\,\varepsilon\,\mathrm{q}\,.\,x_0\,\varepsilon\,\mathrm{q_n} : \supset\,.\,\mathrm{A}\,(x_0, t_0, t_0) = x_0.$

Théorèmes.

3. $x_0 \, \varepsilon \, q_n \, . \, t_0, t_1 \, \varepsilon \, q \, . \, x_1 \, \varepsilon \, q_n : h \, \varepsilon \, Q \, . \, \supset_h \, . \, x_1 \, \varepsilon \, B(x_0, t_0, t_1, h) \, \therefore \, \supset \, . \, x_1 \, \varepsilon \, A(x_0, t_0, t_1)$ $\{\S e \, P2 \, \supset \, P3\}.$

4. $x_0 \, \varepsilon \, q_n \, . \, t_0, t_1 \, \varepsilon \, q \, . \, f \, \varepsilon \, q_n / t_0^- t_1 \, . \, ft_0 = x_0 : t \, \varepsilon \, t_0^- t_1 \, . \, \supset_t \, . \, \dfrac{d\,ft}{d\,t} = \varphi(t, ft) \, \therefore \, \supset \, . \, ft_1 \, \varepsilon \, A(x_0, t_0, t_1).$

    $\{\mathrm{Hp} \, . \, \supset : h \, \varepsilon \, Q \, . \, \supset_h \, . \, f \, \varepsilon \, \beta(t_0, t_1, h) \, . \, \supset_h \, . \, ft_1 \, \varepsilon \, B(x_0, t_0, t_1, h) : \supset \, . \, \mathrm{Ts}\}.$

5. $x_0 \, \varepsilon \, q_n \, . \, t_0, t_1 \, \varepsilon \, q : \supset \, . \, CA(x_0, t_0, t_1) = A(x_0, t_0, t_1).$

    $\{\S e \, P8 \, \supset \, P5\}.$

6. $t_0 \, \varepsilon \, q \, . \, t_1 \, \varepsilon \, t_0 \pm Q \, . \, x_0 \, \varepsilon \, q_n \, . \, p \, \varepsilon \, Q \, . \, l = l' \, m\varphi(t_0^- t_1, x_0 + \theta \overline{m} p)$

    $. \, m(t_1 - t_0) < \dfrac{p}{l} \, . \, t \, \varepsilon \, t_0^- t_1 : \supset \, . \, A(x_0, t_0, t) - = \Lambda.$

$\{(1) \; \mathrm{Hp} \, . \, \S1 \, P10 : \supset \, \therefore \, h, k \, \varepsilon \, Q \, . \, h < k : \supset_{h,k} \, . \, B(x_0, t_0, t, h) \, \supset \, B(x_0, t_0, t, k).$

(2) $\mathrm{Hp} \, . \, \S2 \, P2 : \supset : h \, \varepsilon \, Q \, . \, \supset_h \, . \, B(x_0, t_0, t, h) \cap (x_0 + \theta \overline{m} p) - = \Lambda.$

    $\mathrm{Hp} \, . \, (1) \, . \, (2) \, . \, \S e \, P9 : \supset \, . \, \mathrm{Ts}\}.$

7. $t \, \varepsilon \, \theta : \supset \, . \, A(0, 0, t) - = \Lambda \cdot$ $\left\{ \begin{pmatrix} 0 & 1 & 0 & 1 \\ t_0 & t_1 & x_0 & p \end{pmatrix} P6 = P7 \right\}.$

8. $t_0, t \, \varepsilon \, \theta \, . \, t_0 < t \, . \, x_0 \, \varepsilon \, q_n \, . \, m x_0 < t_0 : \supset \, . \, A(x_0, t_0, t) - = \Lambda \cdot$

    $\left\{ \begin{pmatrix} 1 & 1 - t_0 \\ t_1 & p \end{pmatrix} P6 = P8 \right\}.$

9. $x_0 \, \varepsilon \, q_n \, . \, t_0, t \, \varepsilon \, q : \supset \, . \, A(x_0, t_0, t) = q_n \cap \overline{x} \, \varepsilon \, [h \, \varepsilon \, Q \, . \, \supset_h \, . \, x \, \varepsilon \, B(x_0, t_0, t, h)].$

    $\{\S3 \, P8 \, . \, \S e \, P11 : \supset \, . \, P9\}.$

10. $x_0 \, \varepsilon \, q_n \, . \, t_0, t \, \varepsilon \, q \, . \, h \, \varepsilon \, Q : \supset \, . \, A(x_0, t_0, t) \, \supset \, B(x_0, t_0, t, h)$

    $\{P9 \, \supset \, P10\}.$

11. $x_0 \, \varepsilon \, q_n \, . \, t_0, t_1 \, \varepsilon \, q \, . \, x_1 \, \varepsilon \, A(x_0, t_0, t_1) : \supset \, . \, x_0 \, \varepsilon \, A(x_1, t_1, t_0).$

    $\{\mathrm{Hp} \, . \, P10 : \supset :: h \, \varepsilon \, Q : \supset_h : x_1 \, \varepsilon \, B(x_0, t_0, t_1, h) \, . \, \S1 \, P9 : \supset_h : x_0 \, \varepsilon \, B(x_1, t_1, t_0, h) \, \therefore \, P3 :: \supset \, \mathrm{Ts}\}.$

12. $t_0 \, \varepsilon \, q \, . \, t_1 \, \varepsilon \, t_0 + Q \, . \, t_2 \, \varepsilon \, t_1 + Q \, . \, x_0 \, \varepsilon \, q_n \, . \, x_1 \, \varepsilon \, A(x_0, t_0, t_1) \, . \, x_2 \, \varepsilon \, A(x_1, t_1, t_2) : \supset \, . \, x_2 \, \varepsilon \, A(x_0, t_0, t_2).$

    $\{\mathrm{Hp} \, . \, P10 : \supset :: h \, \varepsilon \, Q : \supset_h : x_1 \, \varepsilon \, B(x_0, t_0, t_1, h) \, . \, x_2 \, \varepsilon \, B(x_1, t_1, t_2, h)$

    $. \, \S1 \, P12 : \supset_h \, . \, x_2 \, \varepsilon \, B(x_0, t_0, t_2, h) \, \therefore \, P3 :: \supset \, . \, \mathrm{Ts}\}.$

13. $t_0 \, \varepsilon \, q \, . \, t_1 \, \varepsilon \, t_0 + Q \, . \, t_2 \, \varepsilon \, t_1 + Q \, . \, x_0 \, \varepsilon \, q_n \, . \, x_1 \, \varepsilon \, A(x_0, t_0, t_1) : \supset \, . \, A(x_1, t_1, t_2) \, \supset \, A(x_0, t_0, t_2).$ $\{P12 \, \supset \, P13\}.$

14. $t_0 \, \varepsilon \, q \, . \, t_1 \, \varepsilon \, t_0 \pm Q \, . \, k \, \varepsilon \, Q \, . \, x_0, a \, \varepsilon \, q_n \, . \, p \, \varepsilon \, Q \, . \, l = \mathrm{l'm} \, \varphi(t_0{}^- t_1,$
$$x_0 + \theta \overline{m} p) \, . \, \mathrm{m}(t_1 - t_0) < \tfrac{p}{l} \, . \, \mathrm{l'm}[\varphi(t_0{}^- t_1, x_0 + \theta \overline{m} p) - a]$$
$$< k \, . \, x_1 \, \varepsilon \, A(x_0, t_0, t_1) : \supset \, . \, \mathrm{m}\left(\tfrac{x_1 - x_0}{t_1 - t_0} - a\right) < k.$$
$$\{\mathrm{Hp} \, . \, h = k - \mathrm{l'm}[\varphi(t_0{}^- t_1, x_0 + \theta \overline{m} p) - a] : \supset : h \, \varepsilon \, Q \, . \, \mathrm{l'm}$$
$$[\varphi(t_0{}^- t_1, x + \theta \overline{m} p) - a] < k - \tfrac{h}{2} \, . \, \S 3 \, P5 : \supset : x_1 \, \varepsilon \, B\Big(x_0,$$
$$t_0, t_1, \tfrac{h}{2}\Big) \cdot \mathrm{m}\left(\tfrac{x_1 - x_0}{t_1 - t_0} - a\right) < \Big(k - \tfrac{h}{2}\Big) + \tfrac{h}{2} : \supset \, . \, \mathrm{Ts}\}.$$

15. $t \, \varepsilon \, \theta \, . \, x \, \varepsilon \, A(0, 0, t) : \supset \, . \, \mathrm{m} x \leq t.$
$$\left\{\begin{pmatrix} 0 & t & 1 & 0 & 0 & 1 & x \\ t_0 & t_1 & k & x_0 & a & p & x_1 \end{pmatrix} P14 = P15\right\}; \text{ ou } \{\S 3 \, P7 \, . \, P10 : \supset \, . \, P15\}.$$

16. $t_0, t \, \varepsilon \, \dot\theta \, . \, t_0 < t \, . \, x_0 \, \varepsilon \, A(0, 0, t_0) : \supset \, . \, A(x_0, t_0, t) \,\text{--}= \Lambda$
$$\{\mathrm{Hp.} \, P15 : \supset : \mathrm{m} x_0 \leq t_0 \, . \, P8 : \supset \, . \, \mathrm{Ts}\}.$$

17. $t_0, t \, \varepsilon \, \theta \, . \, t_0 < t \, . \, x_0 \, \varepsilon \, A(0, 0, t_0) \, . \, x \, \varepsilon \, A(x_0, t_0, t) : \supset \, . \, \mathrm{m}(x - x_0) < t - t_0.$
$$\left\{\begin{pmatrix} t & 1 & 0 & 1 - t_0 & x \\ t_1 & k & a & p & x_1 \end{pmatrix} P14 = P17\right\}.$$

17′. $t_0, t \, \varepsilon \, \theta \, . \, t_0 < t \, . \, x_0 \, \varepsilon \, A(0, 0, t_0) : \supset \, . \, A(x_0, t_0, t) \supset x_0 + \theta \overline{m}(t - t_0)$
$$\{P17 = P17'\}.$$

18. $t_0, t_1, t_2 \, \varepsilon \, \theta \, . \, t_0 < t_1 < t_2 \, . \, x_0 \, \varepsilon \, A(0, 0, t_0) \, . \, x_2 \, \varepsilon \, A(x_0, t_0, t_2) : \supset \, .$
$$A(x_0, t_0, t_1) \cap A(x_2, t_2, t_1) \,\text{--}= \Lambda.$$

$\{(1) \;\; \mathrm{Hp} \, . \, fh = B(x_0, t_0, t_1, h) \cap B(x_2, t_2, t_1, h) : \supset \, . \, f \, \varepsilon \, K q_n / Q.$

$(2) \;\; \mathrm{Hp}(1) \, . \, h \, \varepsilon \, Q \, . \, P10 : \supset : x_2 \, \varepsilon \, B(x_0, t_0, t_2, h) \, . \, \S 1 \, P11 : \supset \, . \, fh \,\text{--}= \Lambda.$

$(3) \;\; \mathrm{Hp}(1) \, . \, h, k \, \varepsilon \, Q \, . \, h < k \, . \, \S 1 \, P10 : \supset \, . \, fh \supset fk.$

$(4) \;\; \mathrm{Hp}(1) \, . \, h \, \varepsilon \, Q \, . \, \S 1 \, P13 : \supset \, . \, fh \supset B(0, 0, t_1, h).$

$(5) \;\; \mathrm{Hp} \, . \, \S 3 \, P8 : \supset \therefore h \, \varepsilon \, Q \, . \, \mathrm{l'm} \, B(0, 0, t_1, h) \leq 1 : \text{--}=_h \Lambda.$

$(6) \;\; \mathrm{Hp}(1) \, . \, (1) \, . \, (2) \, . \, (3) \, . \, (4) \, . \, (5) \, . \, \S e \, P10 : \supset \, . \, f0 \,\text{--}= \Lambda.$

$(7) \;\; \mathrm{Hp}(1) \, . \, \S e \, P6 \, . \, \supset \, . \, f0 \supset A(x_0, t_0, t_1) \cap A(x_2, t_2, t_1).$

$\mathrm{Hp} \, . \, (6) \, . \, (7) : \supset \, . \, \mathrm{Ts}\}.$

19. $x_0 \, \varepsilon \, q_n \, . \, t_0 \, \varepsilon \, q \, . \, k \, \varepsilon \, Q : \supset \therefore t' \varepsilon \, t_0 - Q \, . \, t'' \varepsilon \, t_0 + Q \therefore t \, \varepsilon \, t' - t'' \, . \, t$
$$\text{--}= t_0 \, . \, x \, \varepsilon \, A(x_0, t_0, t) : \supset_{t,x} \, . \, \mathrm{m}\left[\tfrac{x \rightarrow x_0}{t - t_0} - \varphi(t_0, x_0)\right] < k$$
$$:: \text{--}=_{t', t''} \Lambda.$$

$\{(1) \;\; \mathrm{Hp.} \, t_1 \, \varepsilon \, t_0 - Q \, . \, t_2 \, \varepsilon \, t_0 + Q \, . \, p \, \varepsilon \, Q \, . \, \mathrm{l'm}[\varphi(t_1{}^- t_2, x_0 + \theta \overline{m} p) -$
$$\varphi(t_0, x_0)] < k : \text{--}=_{t_1, t_2, p} \Lambda.$$

15*

(2) $\quad \mathrm{Hp}(1) \cdot t' = \max\left(t_1, t_0 - \dfrac{p}{\mathrm{m}\,\varphi(t_0, x_0) + k}\right) \cdot t''$

$\qquad = \min\left(t_2, t_0 + \dfrac{p}{\mathrm{m}\,\varphi(t_0, x_0) + k}\right) \cdot t \,\varepsilon\, t' - t'' \cdot x \,\varepsilon\, \mathrm{A}(x_0, t_0, t) \cdot l$

$\qquad = l'\,\mathrm{m}\,\varphi(t_0 - t, x_0 + \theta\,\overline{\mathrm{m}}\,p) : \mathrm{O} : l < \mathrm{m}\,\varphi(t_0, x_0) + k \cdot \mathrm{m}(t - t_0)$

$\qquad < \dfrac{p}{l} \cdot \begin{pmatrix} t, & \varphi(t_0, x_0), & x \\ t_1, & a & x_1 \end{pmatrix} \mathrm{P}14 : \mathrm{O} \cdot \mathrm{Ts}.$

$\quad \mathrm{Hp} \cdot (1) \cdot (2) : \mathrm{O} \cdot \mathrm{Ts} \} .$

20. $\quad t_0, t_0' \,\varepsilon\, \mathrm{q} \cdot f \,\varepsilon\, \mathrm{q_n}/t_0 - t_0' : t, t_1 \,\varepsilon\, t_0 - t_0' \cdot \mathrm{O}_{t,t_1} \cdot ft_1 \,\varepsilon\, \mathrm{A}(ft, t, t_1) \therefore$

$\qquad \mathrm{O} : t \,\varepsilon\, t_0 - t_1 \cdot \mathrm{O}_t \cdot \dfrac{\mathrm{d}ft}{\mathrm{d}t} = \varphi(t, ft).$

$\{(1) \; \mathrm{Hp} \cdot t \,\varepsilon\, t_0 - t_0' \cdot k \,\varepsilon\, \mathrm{Q} \cdot \mathrm{P}19 : \mathrm{O} \therefore t' \,\varepsilon\, t - \mathrm{Q} \cdot t'' \,\varepsilon\, t + \mathrm{Q} \therefore t_1 \,\varepsilon$

$\qquad t' - t'' \cdot \mathrm{O}_{t_1} \cdot \mathrm{m}\left[\dfrac{ft_1 - ft}{t_1 - t} - \varphi(t, ft)\right] < k :: - =_{t,t''} \Lambda \cdot$

$\quad \mathrm{Hp} \cdot t \,\varepsilon\, t_0 - t_0' \cdot (1) : \mathrm{O} \cdot \dfrac{\mathrm{d}ft}{\mathrm{d}t} = \varphi(t, ft) \} .$

§ 5.

Existence de l'intégrale, lorsque $\mathrm{A}(0, 0, t)$ se réduit à un seul nombre complexe.

Lemme.

1. $\quad a, b \,\varepsilon\, \mathrm{q} \cdot t_1 \,\varepsilon\, \mathrm{Q} \cdot f \,\varepsilon\, \mathrm{q}/0 - t_1 : t \,\varepsilon\, 0 - t_1 \cdot \mathrm{O}_t \cdot \dfrac{\mathrm{d}ft}{\mathrm{d}t} < a + bft : f0 =$

$\qquad 0 \therefore \mathrm{O} \cdot ft_1 < \dfrac{a}{b}\left(e^{bt_1} - 1\right).$

$\{\mathrm{Hp} \cdot gt = e^{-bt}\left[ft - \dfrac{a}{b}(e^{bt} - 1)\right] : \mathrm{O} \therefore g0 = 0 : t \,\varepsilon\, \theta t_1 \cdot \mathrm{O}_t \cdot \dfrac{\mathrm{d}\,gt}{\mathrm{d}t_j}$

$\qquad = e^{-bt}\left(\dfrac{\mathrm{d}ft}{\mathrm{d}t} - a - bft\right) < 0 \therefore \mathrm{O} \therefore gt_1 < 0 \therefore \mathrm{O} \; \mathrm{Ts} \} .$

Théorèmes.

2. $\quad p \,\varepsilon\, \mathrm{Q} \therefore t \,\varepsilon\, \theta \cdot x, x' \,\varepsilon\, \overline{\mathrm{m}}\,\theta : \mathrm{O}_{t,x,x'} \cdot \mathrm{m}[\varphi(t, x') - \varphi(t, x)] < p \times$

$\qquad \mathrm{m}(x' - x) \therefore h' \,\varepsilon\, \mathrm{Q} : t \,\varepsilon\, \theta \cdot \mathrm{O}_t \cdot \mathrm{B}(0, 0, t, h') \cap \overline{\mathrm{m}}\,\theta \therefore h \,\varepsilon\, \theta h' \cdot t_1 \,\varepsilon\, \theta$

$\qquad \cdot x_1, x_2 \,\varepsilon\, \mathrm{B}(0, 0, t_1, h) :: \mathrm{O} \cdot \mathrm{m}(x_2 - x_1) < \dfrac{2h}{p}\left(e^{pt_1} - 1\right).$

$\{\mathrm{Hp} \cdot f_1, f_2 \,\varepsilon\, \beta(0, t_1, h) \cdot f_1 0 = f_2 0 = 0 \cdot f_1 t_1 = x_1 \cdot f_2 t_1 = x_2 : \mathrm{O}$

$\qquad \therefore t \,\varepsilon\, \theta t_1 \cdot \mathrm{O}_t : \dfrac{\mathrm{d}}{\mathrm{d}t} \mathrm{m}(f_2 t - f_1 t) \leq \mathrm{m}(f_2' t - f_1' t) \leq \mathrm{m}[f_2' t$

$\qquad - \varphi(t, f_2 t)] + \mathrm{m}[f_1' t - \varphi(t, f_1 t)] + \mathrm{m}[\varphi(t, f_2 t) - \varphi(t, f_1 t)]$

$\qquad \cdot \mathrm{m}[f_2' t - \varphi(t_2, f_2 t)] < h \cdot \mathrm{m}[f_1' t - \varphi(t, f_1 t)] < h \cdot f_1 t, f_2 t \,\varepsilon\, \overline{\mathrm{m}}\,\theta$

$$. \mathrm{m}[\varphi(t, f_2 t) - \varphi(t, f_1 t)] < p \times \mathrm{m}(f_2 t - f_1 t) \therefore \text{Ɔ} \therefore t \,\varepsilon\, \theta t_1$$

$$\cdot\, \text{Ɔ}_t \cdot \frac{\mathrm{d}}{\mathrm{d}t}\, \mathrm{m}(f_2 t - f_1 t) < 2h + p \times \mathrm{m}(f_2 t - f_1 t) : \mathrm{P1} \therefore \text{Ɔ} \cdot \mathrm{Ts}\} \cdot$$

3. $p \,\varepsilon\, \mathrm{Q} \therefore t \,\varepsilon\, \theta . x, x' \,\varepsilon\, \overline{\mathrm{m}}\theta : \text{Ɔ}_{t,x,x'} \cdot \mathrm{m}[\varphi(t, x') - \varphi(t, x)] < p \times \mathrm{m}(x' - x)$
$$\therefore t \,\varepsilon\, \theta :: \text{Ɔ} \cdot \mathrm{A}(0, 0, t) \,\varepsilon\, \mathrm{q_n}.$$

$\{(1)$ $\mathrm{Hp} \cdot \S 4\,\mathrm{P7} : \text{Ɔ} \cdot \mathrm{A}(0, 0, t) - = \Lambda \cdot$

(2) $\mathrm{Hp} \cdot \S 3\,\mathrm{P8} : \text{Ɔ} \therefore h' \,\varepsilon\, \mathrm{Q} \cdot \mathrm{B}(0, 0, t, h') \,\text{Ɔ}\, \overline{\mathrm{m}}\theta : - =_{h'} \Lambda \cdot$

(3) $\mathrm{Hp} \cdot h' \,\varepsilon\, \mathrm{Q} \cdot \mathrm{B}(0, 0, t, h') \,\text{Ɔ}\, \overline{\mathrm{m}}\theta \cdot x_1, x_2 \,\varepsilon\, \mathrm{A}(0, 0, t) \cdot \S 4\,\mathrm{P10. P2} : \text{Ɔ}$
$$: h \,\varepsilon\, \theta h' \cdot \text{Ɔ}_h \cdot x_1, x_2 \,\varepsilon\, \mathrm{B}(0, 0, t, h) \cdot \text{Ɔ}_h \cdot \mathrm{m}(x_2 - x_1) < \frac{2h}{p}$$
$$(e^{p t_1} - 1) : \text{Ɔ} : \mathrm{m}(x_2 - x_1) \le \mathrm{l}_1 \frac{2\theta h'}{p}(e^{p t_1} - 1) = 0.$$

(4) $\mathrm{Hp} \cdot x_1, x_2 \,\varepsilon\, \mathrm{A}(0, 0, t) \cdot (2) \cdot (3) : \text{Ɔ} \cdot x_1 = x_2 \cdot$
$\mathrm{Hp} \cdot (1) \cdot (4) : \text{Ɔ} \cdot \mathrm{Ts}.\} \cdot$

4. $t \,\varepsilon\, \theta \cdot \text{Ɔ}_t \cdot \mathrm{A}(0, 0, t) \,\varepsilon\, \mathrm{q_n} : ft = \mathrm{A}(0, 0, t) \therefore \text{Ɔ} \therefore f \,\varepsilon\, \mathrm{q_n}/\theta \cdot f0 = 0$
$$: t \,\varepsilon\, \theta \cdot \text{Ɔ}_t \cdot \frac{\mathrm{d}ft}{\mathrm{d}t} = \varphi(t, ft).$$

$\{(1)$ $\mathrm{Hp} \cdot t, t_1 \,\varepsilon\, \theta \cdot t_1 > t \cdot \S 4\,\mathrm{P18} : \text{Ɔ} : \mathrm{A}(0, 0, t) \cap \mathrm{A}(ft_1, t_1, t) - = \Lambda$
$\cdot\, ft \,\varepsilon\, \mathrm{q_n} : \text{Ɔ} : ft \,\varepsilon\, \mathrm{A}(ft_1, t_1, t) \cdot \S 4\,\mathrm{P11} : \text{Ɔ} : ft_1 \,\varepsilon\, \mathrm{A}(ft, t, t_1).$

(2) $\mathrm{Hp} \cdot t, t_1 \,\varepsilon\, \theta \cdot (1) : \text{Ɔ} \cdot ft_1 \,\varepsilon\, \mathrm{A}(ft, t, t_1).$
$\mathrm{Hp} \cdot (2) \cdot \S 4\,\mathrm{P20} : \text{Ɔ} \cdot \mathrm{Ts}.\} \cdot$

5. $t \,\varepsilon\, \theta \cdot \text{Ɔ}_t \cdot \mathrm{A}(0, 0, t) \,\varepsilon\, \mathrm{q_n} : f \,\varepsilon\, \mathrm{q_n}/\theta \cdot f0 = 0 : t \,\varepsilon\, \theta \cdot \text{Ɔ}_t \cdot \frac{\mathrm{d}ft}{\mathrm{d}t} = \varphi(t,$
$ft) \therefore \text{Ɔ} : t \,\varepsilon\, \theta \cdot \text{Ɔ}_t \cdot ft = \mathrm{A}(0, 0, t). \qquad \{\S 4\,\mathrm{P4} \cdot \text{Ɔ} \cdot \mathrm{P5}\} \cdot$

§ 6.

Intégrabilité dans le cas de $n = 1$.

Dans ce § on suppose $n = 1$. Alors les complexes $\mathrm{q_n}$ se réduisent aux nombres réels q.

Théorèmes.

1. $t_0 \,\varepsilon\, \mathrm{q} \cdot t_1 \,\varepsilon\, t_0 + \mathrm{Q} \cdot x_0, x_0' \,\varepsilon\, \mathrm{q} \cdot x_0' < x_0 \cdot h \,\varepsilon\, \mathrm{Q} \cdot x_1 \,\varepsilon\, \mathrm{B}(x_0, t_0, t_1, h) \cdot$
$x_1' \,\varepsilon\, \mathrm{B}(x_0', t_0, t_1, h) \cdot x_1' > x_1 : \text{Ɔ} : x_1' \,\varepsilon\, \mathrm{B}(x_0, t_0, t_1, h) \cdot x_1$
$\varepsilon\, \mathrm{B}(x_0', t_0, t_1, h).$

$\{(1)$ $\mathrm{Hp} \cdot f, g \,\varepsilon\, (\mathrm{q}/t_0 - t_1)$ continues. $ft_0 > gt_0 \cdot ft_1 < gt_1 : \text{Ɔ} \therefore t_2 \,\varepsilon\, t_0 - t_1$
$\cdot\, ft_2 = gt_2 : - =_{t_2} \Lambda \cdot$

(2) $\mathrm{Hp} \cdot f, g \,\varepsilon\, \beta(t_0, t_1, h) \cdot ft_0 = x_0 \cdot ft_1 = x_1 \cdot gt_0 = x_0' \cdot gt_1 = x_1'$
$\cdot\, (1) : \text{Ɔ} \therefore t_2 \,\varepsilon\, t_0 - t_1 \cdot ft_2 = gt_2 : - =_{t_2} \Lambda \cdot$

(3) $\quad \mathrm{Hp}(2) \,.\, t_2\,\varepsilon\,t_0 - t_1\,.\, ft_2 = gt_2\,.\,\S 1\,\mathrm{P8}:\supset: ft_2\,\varepsilon\,\mathrm{B}(x_0, t_0, t_2, h) \cap \mathrm{B}(x_0',$
$\qquad t_0, t_2, h)\cap \mathrm{B}(x_1, t_1, t_2, h)\cap \mathrm{B}(x_1', t_1, t_2, h):\supset:\mathrm{B}(x_0, t_0, t_2, h)$
$\qquad \cap\,\mathrm{B}(x_1', t_1, t_2, h) - = \Lambda\,.\,\mathrm{B}(x_0', t_0, t_2, h)\cap \mathrm{B}(x_1, t_1, t_2, h)$
$\qquad - = \Lambda\,.\,\S 1\,\mathrm{P14}:\supset\,.\,\mathrm{Ts}.$

$\qquad \mathrm{Hp}\,.\,(2)\,.\,(3):\supset\,.\,\mathrm{Ts.}\}.$

2. $\quad t_0\,\varepsilon\,\mathrm{q}\,.\,t_1\,\varepsilon\,t_0 + \mathrm{Q}\,.\,x_0, x_0'\,\varepsilon\,\mathrm{q}\,.\,x_0' < x_0\,.\,x_1\,\varepsilon\,\mathrm{A}(x_0, t_0, t_1)\,.\,x_1'\,\varepsilon$
$\qquad \mathrm{A}(x_0', t_0, t_1)\,.\,x_1' > x_1:\supset: x_1'\,\varepsilon\,\mathrm{A}(x_0, t_0, t_1)\,.\,x_1\,\varepsilon\,\mathrm{A}(x_0', t_0, t_1).$
$\qquad \{\mathrm{Hp}\,.\,\S 4\,\mathrm{P10}.\,\mathrm{P1}:\supset:: h\,\varepsilon\,\mathrm{Q}\,.\,\supset_h: x_1'\,\varepsilon\,\mathrm{B}(x_0, t_0, t_1, h)\,.\,x_1\,\varepsilon\,\mathrm{B}(x_0',$
$\qquad t_0, t_1, h)\,\therefore\,\S 4\,\mathrm{P3}::\supset\,.\,\mathrm{Ts}\}.$

3. $\quad t_0\,\varepsilon\,\mathrm{q}\,.\,t_1\,\varepsilon\,t_0 + \mathrm{Q}\,.\,x_0, x_0'\,\varepsilon\,\mathrm{q}\,.\,x_0' < x_0:\supset: \mathrm{l}'\mathrm{A}(x_0, t_0, t_1)$
$\qquad \geq \mathrm{l}'\mathrm{A}(x_0', t_0, t_1)\,.\,\mathrm{l}_1\mathrm{A}(x_0, t_0, t_1) \geq \mathrm{l}_1\mathrm{A}(x_0', t_0, t_1).$
$\qquad \{\mathrm{P2}\supset \mathrm{P3}\}.$

4. $\quad t\,\varepsilon\,\theta\,.\,\supset: \mathrm{l}'\mathrm{A}(0, 0, t)\,\varepsilon\,\mathrm{A}(0, 0, t)\,.\,\mathrm{l}_1\mathrm{A}(0, 0, t)\,\varepsilon\,\mathrm{A}(0, 0, t).$
$\qquad \{\mathrm{Hp}.\,\S 4\,\mathrm{P7}.\,\S 4\,\mathrm{P15}.\,\S\mathrm{d}\,\mathrm{P5}\,\mathrm{P5}':\supset: \mathrm{l}'\mathrm{A}(0, 0, t), \mathrm{l}_1\mathrm{A}(0, 0, t)\,\varepsilon\,\mathrm{q}.$
$\qquad \S\mathrm{d}\,\mathrm{P21}.\,\S 4\,\mathrm{P5}:\supset\,.\,\mathrm{Ts}\}.$

5. $\quad t, t_1\,\varepsilon\,\theta\,.\,t_1 > t\,.\,x = \mathrm{l}'\mathrm{A}(0, 0, t)\,.\,x_1 = \mathrm{l}'\mathrm{A}(0, 0, t_1):\supset\,.\,x_1$
$\qquad = \mathrm{l}'\mathrm{A}(x, t, t_1).$

$\{(1)\;\mathrm{Hp}\,.\,\mathrm{P4}:\supset: x\,\varepsilon\,\mathrm{A}(0, 0, t)\,.\,\S 4\,\mathrm{P13}:\supset: \mathrm{A}(x, t, t_1)\supset \mathrm{A}(0, 0, t_1)$
$\qquad :\supset: \mathrm{l}'\mathrm{A}(x, t, t_1) \leq x_1.$

(2) $\quad \mathrm{Hp}\,.\,\S 4\,\mathrm{P18}:\supset\,.\,\mathrm{A}(0, 0, t)\cap \mathrm{A}(x_1, t_1, t) - = \Lambda\,.$

(3) $\quad \mathrm{Hp}\,.\,x'\,\varepsilon\,\mathrm{A}(0, 0, t)\,.\,x'\,\varepsilon\,\mathrm{A}(x_1, t_1, t)\,.\,\mathrm{P3}:\supset: x' \leq x\,.\,x_1\,\varepsilon\,\mathrm{A}(x', t, t_1)$
$\qquad .\,\mathrm{l}'\mathrm{A}(x', t, t_1) \leq \mathrm{l}'\mathrm{A}(x, t, t_1):\supset\,.\,x_1 \leq \mathrm{l}'\mathrm{A}(x, t, t_1).$

(4) $\quad \mathrm{Hp}\,.\,(2)\,.\,(3):\supset\,.\,x_1 \leq \mathrm{l}'\mathrm{A}(x, t, t_1).$
$\qquad \mathrm{Hp}\,.\,(1)\,.\,(4):\supset\,.\,\mathrm{Ts}\}.$

6. $\quad t, t_1\,\varepsilon\,\theta\,.\,t_1 > t\,.\,x = \mathrm{l}_1\mathrm{A}(0, 0, t)\,.\,x_1 = \mathrm{l}_1\mathrm{A}(0, 0, t_1):\supset\,.\,x_1$
$\qquad = \mathrm{l}_1\mathrm{A}(x, t, t_1).\qquad$ {Dém. analogue à la précédente}.

7. $\quad ft = \mathrm{l}'\mathrm{A}(0, 0, t)\,.\,t, t_1\,\varepsilon\,\theta:\supset\,.\,ft_1\,\varepsilon\,\mathrm{A}(ft, t, t_1).$

$\{(1)\;\mathrm{Hp}\,.\,t_1 > t\,.\,\mathrm{P5}:\supset: ft_1 = \mathrm{l}'\mathrm{A}(ft, t, t_1):\supset\,.\,\mathrm{Ts}.$

(2) $\quad \mathrm{Hp}\,.\,t > t_1\,.\,(1):\supset: ft\,\varepsilon\,\mathrm{A}(ft_1, t_1, t).\,\S 4\,\mathrm{P11}:\supset\,.\,\mathrm{Ts}.$

(3) $\quad \mathrm{Hp}\,.\,t = t_1\,.\,\S 4\,\mathrm{P2}:\supset\,.\,\mathrm{Ts}.$
$\qquad \mathrm{Hp}\,.\,(1)\,.\,(2)\,.\,(3):\supset\,.\,\mathrm{Ts}\}.$

8. $\quad ft = \mathrm{l}'\mathrm{A}(0, 0, t)\,.\,\supset\,\therefore\,f\,\varepsilon\,\mathrm{q}/\theta\,.\,f0 = 0: t\,\varepsilon\,\theta\,.\,\supset_t\,.\,\dfrac{\mathrm{d}ft}{\mathrm{d}t} = \varphi(t, ft).$
$\qquad \{\mathrm{Hp}.\,\mathrm{P7}.\,\S 4\,\mathrm{P20}:\supset\,.\,\mathrm{Ts}\}.$

9. $ft = \mathrm{l}_1\,\mathrm{A}\,(0,0,t)\,.\,\supset\,\therefore f\,\varepsilon\,\mathrm{q}/\theta\,.\,f0 = 0 : t\,\varepsilon\,\theta\,.\,\supset_t\,.\,\dfrac{\mathrm{d}ft}{\mathrm{d}t} = \varphi\,(t, ft).$

{Dém. analogue à la précédente}.

10. $f\,\varepsilon\,\mathrm{q}/\theta\,.\,f0 = 0 : t\,\varepsilon\,\theta\,.\,\supset_t\,.\,\dfrac{\mathrm{d}ft}{\mathrm{d}t} = \varphi\,(t, ft)\,\therefore\,\supset : t\,\varepsilon\,\theta\,.\,\supset_t$
$.\,\mathrm{l}_1\,\mathrm{A}\,(0,0,t) \leq ft \leq \mathrm{l}'\,\mathrm{A}\,(0,0,t).$

{§4 P4 . $\supset$. P10}.

§ 7.

Démonstration de l'intégrabilité en général.

Notations pour les P1 et 2.

Si $x = (x_1, x_2, \ldots, x_n)$ est un $\mathrm{q_n}$, par $\mathrm{E}_1 x$, $\mathrm{E}_2 x$, $\ldots$, $\mathrm{E}_n x$ nous désignerons ici le premier, le deuxième, $\ldots$, l'$n^{\text{ième}}$ élément de x:

$$\mathrm{E}_1 x = x_1, \quad \mathrm{E}_2 x = x_2, \quad \ldots, \quad \mathrm{E}_n x = x_\mathrm{n}.$$

Les signes E_1, E_2, $\ldots$ sont donc des $\mathrm{q}/\mathrm{q_n}$. Ces fonctions sont continues et distributives.

Si $x_1\,\varepsilon\,\mathrm{q}$, par la convention de l'inversion (§ c), $\overline{\mathrm{E}_1}\,x_1$ signifie « les $\mathrm{q_n}$ dont le premier élément est x_1 ».

Pour simplifier l'écriture, dans la déf. 1, et dans la démonstration du théorème 2 on suppose $n = 3$.

Définition de l'opération ω.

1. $a\,\varepsilon\,\mathrm{K}\,\mathrm{q}_3\,.\,x_1 = \mathrm{l}'\,\mathrm{E}_1\,a\,.\,x_2 = \mathrm{l}'\,\mathrm{E}_2\,(a \cap \overline{\mathrm{E}_1}\,x_1)\,.\,x_3 = \mathrm{l}'\,\mathrm{E}_3\,(a \cap \overline{\mathrm{E}_1}\,x_1 \cap \overline{\mathrm{E}_2}\,x_2)$
$:\supset\,.\,\omega a = (x_1, x_2, x_3).$

Théorème.

2. $a\,\varepsilon\,\mathrm{K}\,\mathrm{q_n}\,.\,a\,-\!\!=\,\Lambda\,.\,\mathrm{l}'\,m\,a\,\varepsilon\,\mathrm{q}\,.\,\mathrm{C}a = a : \supset\,.\,\omega a\,\varepsilon\,a.$

{Hp . §d P22 : $\supset$: $x_1\,\varepsilon\,\mathrm{E}_1\,a\,.\,a \cap \overline{\mathrm{E}_1}\,x_1\,-\!\!=\,\Lambda\,.\,\mathrm{C}(a \cap \overline{\mathrm{E}_1}\,x_1)$
$= a \cap \overline{\mathrm{E}_1}\,x_1 : \supset : x_2\,\varepsilon\,\mathrm{E}_2\,(a \cap \overline{\mathrm{E}_1}\,x_1)\,.\,a \cap \overline{\mathrm{E}_1}\,x_1 \cap \overline{\mathrm{E}_2}\,x_2$
$-\!\!=\,\Lambda : \supset : x_3\,\varepsilon\,\mathrm{E}_3\,(a \cap \overline{\mathrm{E}_1}\,x_1 \cap \overline{\mathrm{E}_2}\,x_2)\,.\,a \cap \overline{\mathrm{E}_1}\,x_1 \cap \overline{\mathrm{E}_2}\,x_2$
$\cap \overline{\mathrm{E}_3}\,x_3\,-\!\!=\,\Lambda : \supset : x_1, x_2, x_3\,\varepsilon\,\mathrm{q}\,.\,(x_1, x_2, x_3)\,\varepsilon\,a : \supset\,.\,\mathrm{Ts}\}.$

Théorèmes.

3. $t\,\varepsilon\,\theta\,.\,\supset\,.\,\omega\,\mathrm{A}\,(0,0,t)\,\varepsilon\,\mathrm{A}\,(0,0,t).$ {§4 P7 . §4 P15 . §4 P5 . P2 : $\supset$. P3}.

4. $t_1, t_2\,\varepsilon\,\theta\,.\,t_2 > t_1\,.\,x_1\,\varepsilon\,\mathrm{A}\,(0,0,t_1)\,.\,x_2\,\varepsilon\,\mathrm{A}\,(x_1, t_1, t_2)\,.\,t\,\varepsilon\,t_1\!-\!t_2 : \supset$
$.\,\omega\,[\mathrm{A}\,(x_1, t_1, t) \cap \mathrm{A}\,(x_2, t_2, t)]\,\varepsilon\,\mathrm{A}\,(x_1, t_1, t) \cap \mathrm{A}\,(x_2, t_2, t).$

{§4 P18 . §4 P17 . §d P16 . P2 : $\supset$. P4}.

Notations.

$N =$ «nombre entier positif ou nul».

$r \, \varepsilon \, N \, . \, \supset \, . \, Z_r = \theta \cap \dfrac{N}{2^r} =$ «l'ensemble des nombres $0, \dfrac{1}{2^r},$

$\dfrac{2}{2^r}, \ldots, \dfrac{2^{r-1}}{2^r}, 1$».

$Z = \overline{x\varepsilon}(r \, \varepsilon \, N \, . \, x \, \varepsilon \, Z_r : - =_r \Lambda) =$ «les nombres de l'intervalle θ,

de la forme $\dfrac{s}{2^r}$, où r et s sont des N».

Conséquences immédiates.

5. $Z_0 \supset Z_1 \supset Z_2 \supset \ldots \supset Z \supset \theta.$

6. $r \, \varepsilon \, N \, . \, t \, \varepsilon \, Z_r : \supset \, . \, 2^r t \, \varepsilon \, N.$

7. $r \, \varepsilon \, N \, . \, t \, \varepsilon \, Z_{r+1} - Z_r : \supset \, . \, t - \dfrac{1}{2^{r+1}}, \; t + \dfrac{1}{2^{r+1}} \, \varepsilon \, Z_r.$

8. $CZ = \theta.$

Définitions de la fonction f.

9. $f0 = 0.$

10. $f1 = \omega \, A(0, 0, 1).$

11. $r \, \varepsilon \, N \, . \, f \, \varepsilon \, q_n \, / \, Z_r \, . \, t \, \varepsilon \, Z_{r+1} - Z_r \, . \, t_1 = t - \dfrac{1}{2^{r+1}} \cdot t_2 = t + \dfrac{1}{2^{r+1}}$

       $: \supset \, . \, ft = \omega \, [A\,(ft_1, t_1, t) \cap A\,(ft_2, t_2, t)].$

12. $t \, \varepsilon \, \theta - Z \, . \, \supset \, . \, ft = \overline{x\varepsilon}[t' \, \varepsilon \, Z \, . \, \supset_{t'} \, . \, x \, \varepsilon \, A\,(ft', t', t)].$

Théorèmes.

13. $f \, \varepsilon \, q_n \, / \, \theta.$

14. $t, t' \, \varepsilon \, \theta \, . \, \supset \, . \, ft' \, \varepsilon \, A\,(ft, t, t').$

Démonstration des théorèmes 13 et 14.

(1) $f \, \varepsilon \, q_n \, / \, Z_0$ $\{P9 \, . \, P10 \, . \, P3 : \supset \, . \, (1)\}.$

(2) $t, t' \, \varepsilon \, Z_0 \, . \, t' > t : \supset : t = 0 \, . \, t' = 1 \, . \, P10 \, . \, P9 \, . \, P3 : \supset \, . \, ft' \, \varepsilon$

      $A\,(ft, t, t').$

(3) $t, t' \, \varepsilon \, Z_0 \, . \, (2) \, . \, \S4 P11 : \supset \, . \, ft' \, \varepsilon \, A\,(ft, t, t').$

(4) $r \, \varepsilon \, N \, . \, f \, \varepsilon \, q_n \, / \, Z_r : t, t' \, \varepsilon \, Z_r \, . \, \supset_{t,t'} \, . \, ft' \, \varepsilon \, A\,(ft, t, t') \, \therefore \supset \, . \, f \, \varepsilon$

      $q_n \, / \, Z_{r+1}.$

$\{(\alpha)$ $Hp \, . \, t \, \varepsilon \, Z_{r+1} \cap Z_r : \supset \, . \, ft \, \varepsilon \, q_n.$

(β) $Hp \, . \, t \, \varepsilon \, Z_{r+1} - Z_r \, . \, t_1 = t - \dfrac{1}{2^{r+1}} \cdot t_2 = t + \dfrac{1}{2^{r+1}} \, . \, P7 : \supset : t_1, t_2$

      $\varepsilon \, Z_r \, . \, ft_1 \, \varepsilon \, A\,(0, 0, t_1) \, . \, ft_2 \, \varepsilon \, A\,(ft_1, t_1, t_2) \, . \, P4 : \supset \, . \, ft \, \varepsilon \, q_n.$

(γ) Hp . $t \, \varepsilon \, Z_{r+1}$. (α) . (β) : $\supset$. $ft \, \varepsilon \, q_n$.

Hp . (γ) : $\supset$. Ts$\}$.

(5) Hp(4) . $t \, \varepsilon \, Z_r$. $t' \, \varepsilon \, Z_{r+1} - Z_r$. $t' > t$: $\supset$. $ft' \, \varepsilon \, A(ft, t, t')$.

$\{$Hp . $t_1 = t' - \dfrac{1}{2^{r+1}}$: $\supset$: $t_1 \, \varepsilon \, Z_r$. $t_1 \geq t$. $ft_1 \, \varepsilon \, A(ft, t, t_1)$. $ft' \, \varepsilon$

$A(ft_1, t_1, t')$. §4 P12 : $\supset$. Ts$\}$.

(6) Hp(4) . $t \, \varepsilon \, Z_{r+1} - Z_r$. $t' \, \varepsilon \, Z_r$. $t' > t$: $\supset$. $ft' \, \varepsilon \, A(ft, t, t')$.

$\{$Hp . $t_2 = t + \dfrac{1}{2^{r+1}}$: $\supset$: $t < t_2 \leq t'$. $t_2 \, \varepsilon \, Z_r$. $ft_2 \, \varepsilon \, A(ft, t, t_2)$

. $ft' \, \varepsilon \, A(ft_2, t_2, t')$: $\supset$. Ts$\}$.

(7) Hp(4) . $t, t' \, \varepsilon \, Z_{r+1} - Z_r$. $t' > t$: $\supset$. $ft' \, \varepsilon \, A(ft, t, t')$.

$\{$Hp . $t_2 = t + \dfrac{1}{2^{r+1}}$. $t_1 = t' - \dfrac{1}{2^{r+1}}$: $\supset$: $t < t_2 \leq t_1 < t'$. t_2, t_1

$\varepsilon \, Z_r$. $ft_2 \, \varepsilon \, A(ft, t, t_2)$. $ft_1 \, \varepsilon \, A(ft_2, t_2, t_1)$. $ft' \, \varepsilon \, A(ft_1, t_1, t')$

: $\supset$. Ts$\}$.

(8) Hp(4) . $t, t' \, \varepsilon \, Z_{r+1}$. (5) . (6) . (7) : $\supset$. $ft' \, \varepsilon \, A(ft, t, t')$.

(9) $r \, \varepsilon \, N$. $f \, \varepsilon \, q_n / Z_r$: $t, t' \, \varepsilon \, Z_r$. $\supset_{t, t'}$. $ft' \, \varepsilon \, A(ft, t, t')$ $\therefore$ $\supset$ $\therefore$ $f \, \varepsilon \, q$

$/ Z_{r+1}$: $t, t' \, \varepsilon \, Z_{r+1}$. $\supset_{t, t'}$. $ft' \, \varepsilon \, A(ft, t, t')$.

$\{(4) \, (8) \supset (9)\}$.

(10) $r \, \varepsilon \, N$. $\supset$ $\therefore$ $f \, \varepsilon \, q_n / Z_r$: $t, t' \, \varepsilon \, Z_r$. $\supset_{t, t'}$. $ft' \, \varepsilon \, A(ft, t, t')$.

$\{(1) \, (3) \, (9) \supset (10)\}$.

(11) $f \, \varepsilon \, q_n / Z$.

(12) $t, t' \, \varepsilon \, Z$. $\supset$. $ft' \, \varepsilon \, A(ft, t, t')$ $\left.\right\}$ $\{(10) = (11) \, (12)\}$.

(13) $t \, \varepsilon \, Z$. $\supset$. $ft \, \varepsilon \, A(0, 0, t)$. $\hfill \{(12) \supset (13)\}$.

(14) $t_0 \, \varepsilon \, \theta - Z$. $gt = A(ft, t, t_0)$. $a = Z \cap (t_0 - Q)$. §4 P5 . §4 P16

. §4 P15 . §4 P13 : $\supset$ :: $g \, \varepsilon \, K q_n / a$ $\therefore$ $t \, \varepsilon \, a$. $\supset_t$: $Cgt = gt$

. $gt - = \Lambda$. l'm $gt \leq 1$ $\therefore$ $t, t' \, \varepsilon \, a$. $t' > t$: $\supset$. $gt' \supset gt$ $\therefore$

§e P12 :: $\supset$. $\overline{x\varepsilon} \, (t \, \varepsilon \, a . \supset_t . x \, \varepsilon \, gt) - = \Lambda$.

(15) $t_0 \, \varepsilon \, \theta - Z$. $\supset$. $\overline{x\varepsilon} \, [t \, \varepsilon \, Z \cap (t_0 - Q) . \supset_t . x \, \varepsilon \, A(ft, t, t_0)] - = \Lambda$.

$\{(14) \supset (15)\}$.

(16) $t_0 \, \varepsilon \, \theta - Z$. $x_1, x_2 \, \varepsilon \, q_n$: $t \, \varepsilon \, Z \cap (t_0 - Q)$. $\supset_t$. $x_1, x_2 \, \varepsilon \, A(ft, t, t_0)$ $\therefore$ $\supset$

. $x_1 = x_2$.

$\{$Hp . $t \, \varepsilon \, Z \cap (t_0 - Q)$. §4 P17 : $\supset$: m$(ft - x_1) < t_0 - t$. m$(ft - x_2)$

$< t_0 - t$: $\supset$. m$(x_2 - x_1) < 2(t_0 - t)$.

Hp . $\supset$: $t \, \varepsilon \, Z \cap (t_0 - Q)$. $\supset_t$. m$(x_2 - x_1) < 2(t_0 - t)$: $\supset$. Ts$\}$.

(17) $t_0 \,\varepsilon\, \theta - Z \,.\, x_0 = \overline{x\varepsilon}\,[t \,\varepsilon\, Z \cap (t_0 - Q) \,.\, \mathsf{D}_t . x \,\varepsilon\, A(ft, t, t_0)] : \mathsf{D} . x_0 \,\varepsilon\, q_n.$

     $\{(15)\,(16) \,\mathsf{D}\, (17)\}.$

(18) $\mathrm{Hp}(17) \,.\, t' \,\varepsilon\, Z \cap (t_0 + Q) : \mathsf{D} . x_0 \,\varepsilon\, A(ft', t', t_0).$

$\{(\alpha)\ \mathrm{Hp} . k \,\varepsilon\, Q \,.\, t_1 \,\varepsilon\, Z \cap (t_0 - Q) \,.\, t_0 - t_1 < \dfrac{k}{2} \,.\, \S4\,P17' : \mathsf{D} : A(ft_1, t_1, t_0)$

     $\mathsf{D}\ ft_1 + \theta\overline{m}\,\dfrac{k}{2} \,.\, m(ft_1 - x_0) < \dfrac{k}{2} \,.\, \S4\,P18 : \mathsf{D} : A(ft_1, t_1, t_0)$

     $\mathsf{D}\ x_0 + \theta\overline{m}k \,.\, A(ft_1, t_1, t_0) \cap A(ft', t', t_0) -\!\!-= \Lambda : \mathsf{D} : (x_0 + \theta\overline{m}k)$

     $\cap\, A(ft', t', t_0) -\!\!-= \Lambda.$

     $\mathrm{Hp} . (\alpha) : \mathsf{D} : x_0 \,\varepsilon\, C\,A(ft', t', t_0) \,.\, \S4\,P5 : \mathsf{D} . Ts\}.$

(19) $t \,\varepsilon\, \theta - Z \,.\, \mathsf{D} \,.\, \overline{x\varepsilon}\,[t' \,\varepsilon\, Z \,.\, \mathsf{D}_{t'} . x \,\varepsilon\, A(ft', t', t)] \,\varepsilon\, q_n.$

     $\{(17)\,(18) \,\mathsf{D}\, (19)\}.$

(20) $f \,\varepsilon\, q_n / (\theta - Z).$ $\{(19) \,\mathsf{D}\, (20)\}.$

(21) $f \,\varepsilon\, q_n / \theta.$ $\{(11)\,(20) \,\mathsf{D}\, (21) = P13\}.$

(22) $t \,\varepsilon\, \theta - Z \,.\, t' \,\varepsilon\, Z : \mathsf{D} : ft \,\varepsilon\, A(ft', t', t) : \mathsf{D} : ft' \,\varepsilon\, A(ft, t, t').$

(23) $t, t' \,\varepsilon\, \theta - Z \,.\, \mathsf{D} \,.\, ft' \,\varepsilon\, A(ft, t, t').$

     $\{\mathrm{Hp} . t'' \,\varepsilon\, Z \cap (t - t') : \mathsf{D} : ft'' \,\varepsilon\, A(ft, t, t'') \,.\, ft' \,\varepsilon\, A(ft'', t'', t')$

     $: \mathsf{D} . Ts\}.$

(24) $t, t' \,\varepsilon\, \theta \,.\, \mathsf{D} \,.\, ft' \,\varepsilon\, A(ft, t, t').$

     $\{(12)\,(22)\,(23) \,\mathsf{D}\, (24) = P14\}.$

Théorème.

15. $t \,\varepsilon\, \theta \,.\, \mathsf{D} \,.\, \dfrac{dft}{dt} = \varphi(t, ft).$ $\{P14 . \S4\,P20 : \mathsf{D} . P15\}.$

§ 8.

Observations.

On a ainsi prouvé que, étant donnée l'équation

$$\frac{dft}{dt} = \varphi(t, ft),$$

où le second membre est une fonction continue, il existe au moins une fonction ft, définie dans les environs de $t = b$, qui pour $t = b$ acquiert la valeur arbitraire a, et qui satisfait à l'équation donnée. La condition nécessaire et suffisante pour que cette fonction soit unique est que $A(a, b, t)$ se réduise à un seul individu.

En supposant seulement la continuité de la fonction φ, la classe $A(a, b, t)$ peut effectivement contenir plusieurs nombres. Nous en donnerons ici quelques exemples, pour $n = 1$.

Soit l'équation entre les variables réelles x et t

$$\frac{\mathrm{d}x}{\mathrm{d}t} = 3x^{\frac{2}{3}}$$

où le second membre est fonction continue. Les fonctions qui satisfont à cette équation, et s'annulent avec t sont (pour $t > 0$)

1°. $\qquad\qquad\qquad x = t^3 = l'\,A(0, 0, t),$

2°. $\qquad\qquad\qquad x = 0 = l_1\,A(0, 0, t),$

3°. les fonctions qui dans un intervalle $0-t_1$ sont nulles, et qui de t_1 à $+\infty$ ont la valeur $(t - t_1)^3$.

Ces dernières fonctions coïncident entre elles dans un intervalle fini. On arrive à des résultats analogues en considérant des équations qui ont des solutions singulières.

Voici une autre exemple, ou il n'y a pas de solutions singulières, bien que la solution qui s'annule avec t soit indéterminée.

Soit l'équation

$$\frac{\mathrm{d}x}{\mathrm{d}t} = \frac{4xt^3}{x^2 + t^4}.$$

Si l'on fait tendre x et t à 0, le second membre a pour limite 0, car on peut le réduire à la forme

$$t \cdot \frac{4xt^2}{x^2 + t^4},$$

où le premier facteur a pour limite 0, et le second est toujours compris entre -2 et 2. Si donc on suppose le second membre nul avec x et t, il sera fonction continue des deux variables. Les solutions de cette équation, qui s'annulent avec t, sont

1°. $\quad x = t^2 = l'\,A(0, 0, t),$

2°. $\quad x = -t^2 = l_1\,A(0, 0, t),$

3°. $\quad x = 0,$

4°. $\quad x = c - \sqrt{c^2 + t^4}$ et $x = \sqrt{c^2 + t^4} - c,$ où c est une constante positive.

Ces fonctions, égales pour $t = 0$, sont différentes pour toutes les autres valeurs de t. Les autres intégrales de l'équation proposée sont

$$x = \pm\,(c + \sqrt{c^2 + t^4}).$$

La condition de l'existence et continuité de la dérivée de $\varphi(t, x)$ par rapport à x, ou au moins d'une limite supérieure finie pour le rapport $\dfrac{\varphi(t, x') - \varphi(t, x)}{x' - x}$, suffisante pour déduire l'existence d'une solution unique qui a une valeur initiale donnée, comme on a vu dans le §5, n'est pas nécessaire. Considérons en effet l'équation

$$\frac{\mathrm{d}x}{\mathrm{d}t} = \varphi(x),$$

où $\varphi(x)$ est continue et jamais nulle pour les valeurs de x dans l'intervalle $a - b$. Alors, si x_0 est une valeur dans cet intervalle, et que l'on pose

$$t_0 - \int_a^{x_0} \frac{\mathrm{d}x}{\varphi(x)} = a' \quad \text{et} \quad t_0 + \int_{x_0}^b \frac{\mathrm{d}x}{\varphi(x)} = b',$$

il existe une et une seule fonction x de t, définie dans l'intervalle $a' - b'$ qui satisfait à l'équation donnée, et qui pour $t = t_0$ a la valeur x_0; comme cela résulte de l'intégration de cette équation. Et sur la dérivée de $\varphi(x)$, on n'a pas fait d'hypothèses.

Lorsque $\varphi(t, x)$ a une dérivée $\varphi_1(t, x)$ par rapport à x finie et continue, alors, en supposant t_0 et t_1 suffisamment proches, $A(x_0, t_0, t_1)$ est la valeur, pour $t = t_1$, de la fonction qui satisfait à l'équation différentielle, et qui pour $t = t_0$ a la valeur x_0. Sa dérivée par rapport à x_0 est

$$\frac{\mathrm{d}A(x_0, t_0, t_1)}{\mathrm{d}x_0} = e^{\int_{t_0}^{t_1} \varphi_1[t, A(x_0, t_0, t)]\,\mathrm{d}t}$$

Torino 19-9-94.

Chiarissimo professore,

Rispondo con un po' di ritardo alla sua gentilissima, causa la mia assenza da Torino.

Il _Formulario_ è pubblicato dalla _Rivista di Matematica_; i fogli di stampa man mano compiti sono uniti ai fascicoli del giornale. Appena essi siano in numero sufficiente, alla fine di quest'anno, saranno uniti in volume che si troverà in vendita presso i librai Fratelli Bocca in Torino. Oltre alla copia che Ella già riceve colla Rivista, glie ne invierò un'altra completa appena il primo volumetto sia terminato.

La stampa di questo Formulario procede per ora lentamente, poichè siamo in principio, e non tutti i colla= boratori posseggono ancora bene l'uso dei simboli; sono pure numerose le lacune che vi si trovano, e che si riempiranno con una abbondante

Brief von G. Peano an F. Klein vom 19. September 1894 (Übersetzung auf Seite 126)

errata-corrige. Del resto questo Formulario è per ora stampato in un numero limitatissimo di esemplari. Appena sia conosciuto alquanto e corretto, se ne pubblicherà una seconda edizione.

Lo scopo della Logica matematica è di analizzare le idee e i ragionamenti che figurano specialmente nelle scienze matematiche. L'analisi delle idee permette di trovare le idee fondamentali, colle quali tutte le altre idee si esprimono; e di trovare le relazioni fra le varie idee, ossia le identità logiche, che sono tante forme di ragionamento. L'analisi delle idee conduce anche ad indicare le più semplici mediante segni convenzionali, coi quali segni convenientemente combinati si rappresentano poi le idee composte. Così nasce il simbolismo o scrittura simbolica, che rappresenta le proposizioni col più piccolo numero di segni.

Il teorema elegante di cui Ella mi parla, esce fuori del campo della logica matematica. Questa potrebbe solo esaminare quante idee figurano nell'enunciato del suo teorema, classificarle in primitive e derivate, e studiarne le relazioni colle idee già considerate nel Formulario; inoltre, se ne fosse data la dimostrazione, la Logica mat. permetterebbe di decomporla in una successione di passaggi in ciascuno dei quali s'applica una delle identità di logica, e precisamente anzi una sola delle proposizioni primitive contenute nel Formulario, I parte.

Mi spiace di non aver tempo di potermi dilungare maggiormente. Se pel Congresso di Vienna Ella crede di poterle distribuire, le farò inviare tante copie dell' <u>Introduction</u> quante potranno servire, all'indirizzo che Ella mi comunicherà. Il congresso di Caen vi è pure occupato della Logica matematica, del Formulario.

Mi creda suo devotissimo

G. Peano.

Turin, 19. 9. 94

Hochverehrter Professor,

wegen meiner Abwesenheit von Turin beantworte ich Ihr so freundliches Schreiben mit etwas Verspätung.

Das „Formulario" ist in der „Rivista di Matematica" veröffentlicht; die nach und nach satzfertigen Druckbogen werden den Heften der Zeitschrift beigefügt. Sobald sie in ausreichender Anzahl vorliegen, das wird Ende dieses Jahres sein, werden sie in einem Band zusammengefaßt, der dann durch die Buchhandlung der Brüder Bocca in Turin zum Verkauf gelangen wird. Außer dem Abdruck, den man mit der Rivista erhält, wird man nirgendwo eine andere vollständige Kopie erhalten, bevor nicht das erste Bändchen abgeschlossen ist. Der Druck des „Formulario" geht vorläufig langsam voran, weil wir ganz am Anfang stehen und noch nicht alle Mitarbeiter den Gebrauch der Symbole recht begriffen haben; es sind auch viele Lücken vorhanden, und diese füllen eine umfangreiche Fehler- bzw. Korrekturliste. Übrigens wird das „Formulario" nur in einer begrenzten Anzahl von Exemplaren gedruckt. Erst wenn es hinreichend bekannt und einwandfrei ist, wird davon eine zweite Auflage veröffentlicht.

Ziel der mathematischen Logik ist es, die Begriffe und Beweisführungen zu analysieren, die speziell in der mathematischen Wissenschaft auftreten. Die Analyse der Begriffe erlaubt es, die Grundbegriffe zu finden, durch die sich alle anderen Begriffe ausdrücken lassen, sowie die Beziehungen zwischen den verschiedenen Begriffen, das heißt die logischen Identitäten, die derartige Formen der Beweisführung sind.

Die Analyse der Begriffe führt auch dazu, die einfachsten Begriffe durch vereinbarte Zeichen wiederzugeben, so daß geeignete Kombinationen dieser Zeichen dann die zusammengesetzten Begriffe darstellen. So entsteht ein Symbolismus oder eine Symbolschrift, die alle Aussagen mit einer sehr kleinen Anzahl von Zeichen darstellt.

Das elegante Theorem, nach dem Sie mich fragten, liegt außerhalb des Gebietes der mathematischen Logik. Diese könnte lediglich prüfen, welche Begriffe in der Formulierung dieses Theorems auftreten, diese in primitive und abgeleitete Begriffe unterteilen und die Verbindungen zu den Begriffen erforschen, die bereits im „Formulario" berücksichtigt worden sind; darüber hinaus würde es, falls ein Beweis gegeben werden könnte, die mathematische Logik erlauben, diesen in eine Abfolge von Übergängen zu zerlegen, deren jeder die Anwendung einer Identität der Logik ist und zwar vielmehr einer jener primitiven Propositionen, die im „Formulario", Teil I, enthalten sind.

Es tut mir leid, keine Zeit zu haben, mich breiter auslassen zu können. Wenn Sie glauben, beim Kongreß in Wien etwas austeilen zu können, würde ich Ihnen an eine von Ihnen zu nennende Adresse so viele Exemplare der „Introduction" senden, wie Ihnen dienlich sein könnten. Der Kongreß von Caen scheint sich mit mathematischer Logik und dem „Formulario" zu befassen.

Ihr Ergebenster
G. Peano

Brief von G. Peano an F. Klein; vgl. S. 123–125 (Übersetzung a. d. Italienischen: E. Schuhmann)

Nachwort

Im Jahre 1880 hatte GIUSEPPE PEANO sein Studium an der Universität Turin abgeschlossen und wurde zunächst Assistent für Algebra und Geometrie bei ENRICO D'OVIDIO. Bereits ein Jahr später wechselte er zu ANGELO GENOCCHI, dessen Hauptarbeitsgebiete Infinitesimalrechnung und Zahlentheorie waren. Wegen einer langwierigen Krankheit GENOCCHIS hatte er diesen von April 1882 bis März 1884 in seinen Vorlesungen zu vertreten. Hier machte PEANO seine erste wesentliche mathematische Entdeckung, daß nämlich die zu dieser Zeit allgemein akzeptierte Definition des Inhalts einer gekrümmten Fläche fehlerhaft war. Er gab in der Vorlesung eine einwandfreie Definition und teilte seine Entdeckung GENOCCHI mit. Dabei mußte er jedoch erfahren, daß dieser schon seit Anfang 1881 durch H. A. SCHWARZ von jenem Problem unterrichtet war. Durch GENOCCHI erfuhr 1882 auch CH. HERMITE hiervon und veröffentlichte die Entdeckung von SCHWARZ und PEANO in seinen 1883 erschienenen Vorlesungsausarbeitungen [19]; die Publikation durch SCHWARZ [68] und PEANO [46] erfolgte daher erst 1890.

Als Resultat der Vorlesungsvertretung entstand das 1884 im Verlag Bocca in Turin erschienene Lehrbuch [39], als dessen Autor zwar ANGELO GENOCCHI genannt ist, das aber aus der Feder PEANOS stammte. Sicher schloß es sich in wesentlichen Punkten den Intentionen GENOCCHIS an, sicher ist aber auch, daß es wesentliche Bemerkungen und Ergänzungen enthält, für die allein PEANO verantwortlich war. Es ist bekannt, daß PEANO nicht zur Herausgabe des Buches autorisiert war, daß GENOCCHI erst nach dessen Erscheinen von ihm Kenntnis erhielt und daß es im Gefolge dieser Affäre zu einer zeitweiligen Entfremdung zwischen GENOCCHI und PEANO kam; bezüglich historischer Einzelheiten sei auf [24] verwiesen. Das Lehrbuch [39] enthielt eine für jene Zeit außerordentlich moderne Darstellung der Infinitesimalrechnung. Es fand – obwohl in italienisch geschrieben – hohe internationale Anerkennung und wurde häufig als Quelle für Resultate bzw. eine besondere Auffassung oder Darstellungsweise zitiert (vgl. z. B. [64] und [72]). Im Jahre 1899 erschien im Verlag B. G. TEUBNER in Leipzig eine durch G. BOHLMANN und A. SCHEPP besorgte deutschsprachige Übersetzung dieses Lehrbuchs, dem als Anhänge deutschsprachige Übersetzungen späterer Arbeiten PEANOS beigefügt waren, die in der vorliegenden Ausgabe abgedruckt sind; 1903 und 1922 erschienen in Kiew bzw. Petrograd russische Übersetzungen jenes Werkes.

In den Jahren 1887 und 1893 publizierte PEANO zwei weitere Lehrbücher zur Analysis ([41] und [53]). Das Buch [41] aus dem Jahre 1887 enthält u. a. die erste ausführliche Darstellung des heute als Peano-Jordan-Inhalt bezeichneten Inhalts von Punktmengen des n-dimensionalen euklidischen Raumes; die erste Publikation von C. JORDAN zu diesem Thema stammt aus dem Jahre 1892 ([21]) und fand durch dessen *Cours d'analyse* [22] weite Verbreitung.

In den Jahren 1886 bis 1890 befaßte sich PEANO in mehreren Arbeiten ([40], [42], [48]) mit Fragen der Existenz von Lösungen für gewöhnliche Differentialgleichungen und Differentialgleichungssysteme. Die hier abgedruckte Arbeit [48] enthält den Beweis des heute nach PEANO benannten allgemeinen Existenzsatzes für Systeme von gewöhnlichen Differentialgleichungen erster Ordnung; sie wird weiter unten ausführlicher kommentiert.

In zahlreichen kleineren Schriften zur Analysis und insbesondere in seinen Lehrbüchern hat sich PEANO sehr darum bemüht, das Standardwissen auf dem Gebiet der Analysis in möglichst durchsichtiger und adäquater Form darzustellen und verbreitete Irrtümer zu beseitigen. Die im vorliegenden Band abgedruckten Arbeiten [47], [52] und [55] sind Beispiele hierfür. Die Artikel [64] und [72] im Band II, 1.1 der „Encyklopädie der Mathematischen Wissenschaften" nennen ihn als Autor einer ganzen Reihe von Präzisierungen, Verallgemeinerungen u. ä., die heute weitgehend Allgemeingut sind. Beispielsweise dürfte die in [55] vorgeschlagene Definition des Riemann-Integrals die heute am häufigsten benutzte Definition sein. Übrigens hat sich PEANO auch sehr darum bemüht, durch Gegenbeispiele den Geltungsbereich mathematischer Sätze nach der negativen Seite hin abzugrenzen. Um Fragen der sachgemäßen Behandlung ging es im Prinzip auch in einer 1895/96 in der Turiner Akademie und der Accademia dei Lincei geführten heftigen Kontroverse zwischen PEANO und VOLTERRA über die Berechnung der zeitlichen Änderung der Lage der Erdachse unter dem Einfluß der Bewegung der Meere (Golfstrom) und der Atmosphäre; bezüglich historischer Einzelheiten zu dieser Kontroverse sei auf [24] verwiesen.

Die den Anhang I der deutschen Ausgabe des GENOCCHI/PEANO [39] bildende Arbeit [A] ist eine Übersetzung der 1897 in den Berichten der Turiner Akademie erschienenen Arbeit [57]. Sie vermittelt einen guten Einblick in die Auffassungen PEANOS über die Rolle einer „mathematischen Logik" für die Mathematik. Diese besteht für ihn vor allem oder sogar ausschließlich in der Entwicklung einer formalisierten Formelsprache (Begriffsschrift, Ideographie), die neben üblichen mathematischen Formelzeichen auch Zeichen für bestimmte logische Verknüpfungen enthält und damit geeignet ist, logisch komplizierte mathematische Sachverhalte in eindeutiger Weise wiederzugeben. Demgemäß gibt es eigentlich keine Publikation PEANOS, die logische Probleme im engeren Sinne zum Gegenstand hat. Es gibt von ihm mehrere Arbeiten, so die Arbeit [A], in denen er die Handhabung seiner Begriffsschrift erläutert. In einigen seiner mathematischen Arbeiten, beispielsweise in den Schriften [43], [44], [45], [54] und der hier abgedruckten Arbeit [48], werden in der Einleitung die Prinzipien der Formelsprache dargelegt und diese dann bei der Formulierung der mathematischen Ergebnisse verwendet. Schließlich wird in der Mehrzahl seiner mathematischen Publikationen nach 1888 die Formelsprache als mathematische Stenographie zur genauen Formulierung von Definitionen und Sätzen verwendet, wie z. B. in [B], [D], [E] und generell im „Formulaire de Mathématiques".

Die „Logik" PEANOS ist im Anschluß an G. BOOLE [2], [3] und E. SCHRÖDER [66] eine Klassenlogik, wobei jedoch durch die Betrachtung von Klassen von Paaren, Tripeln usw. auch Beschreibungen von relationalen Zusammenhängen ermöglicht werden. Die für PEANO wichtigste Beziehung ist die von ihm durch „$x\varepsilon a$" ausgedrückte Zugehörigkeit eines Individuums x zu einer Klasse a; an die Stelle des griechischen Buchstaben ε, der an „est" (= ist ein) erinnern soll, wurde später durch RUSSELL [65] dessen stilisierte Form $\in$ gesetzt. Als logische Verknüpfungen von Aussagen *p, q* betrachtet PEANO die von ihm durch $p\supset q$ ausgedrückte Implikation, die später von RUSSELL durch das auch heute noch oft benutzte Symbol „⊃" wiedergegeben wurde, sowie die durch pq oder $p\cap q$ ausgedrückte Konjunktion, für die RUSSELL dann das Symbol „∧" benutzte. Bei der Implikation setzt PEANO (in [A]) voraus, daß die Aussagen *p, q* freie Variablen $x, ..., z$ enthalten und die in der „These" *q* enthaltenen freien Variablen auch in der „Hypothese" *p* frei vorkommen, wobei er $p\supset q$, oder genauer $p\supset_{x, ..., z} q$, als die Generalisierte der entsprechenden Implikation auffaßt. Seine Bemerkungen gegen FREGE (S. 12 und S. 16 der vorliegenden Ausgabe[1])) und die Benutzung des Terminus „Ableitungszeichen" (S. 15) lassen vermuten, daß er den logischen Charakter jener Aussagenverknüpfungen nicht voll erkannt hat, obwohl er in früheren Arbeiten (vgl. z. B. § a in [G], S. 77) bereits klarere Auffassungen vertreten hatte.

Den Hauptinhalt von [A] bilden die Anfangsgründe einer Algebra der Klassen (Mengenalgebra). Als erstes definiert er die Inklusion von Klassen (S. 17), die er ebenso wie die Implikation mit dem Symbol „⊃" bezeichnet, an dessen Stelle später durch RUSSELL das auch heute noch verwendete Symbol „⊂" (im Sinne von ⊆) gesetzt wurde; man beachte: $a\supset b$ bedeutet „*a* ist Teilklasse von *b*". Sodann beschreibt PEANO den Übergang von einer Aussage $p(x)$ zur Klasse *a* aller derjenigen *x*, für die $p(x)$ gilt, und die er mit $\overline{x}\varepsilon p(x)$ bezeichnet. Er erkennt richtig, daß eine explizite Definition dieser Bildung in der von ihm entwickelten Sprache nicht möglich ist. Dagegen ist ihm entgangen, daß FREGE im ersten Band seiner „Grundgesetze der Arithmetik" [11] aus dem Jahre 1893 ausdrücklich ein Axiom formuliert hatte, das diesen Übergang sicherte, nämlich gerade jenes Axiom, an dem B. RUS-SELL im Jahre 1902 seine berühmte Antinomie entdeckte. Ebenso erkennt PEANO nicht, daß sich hinter seiner Definition der Gleichheit von Klassen als Umfangsgleichheit (S. 19) und seiner Definition der Gleichheit von Dingen als Eigenschaftsgleichheit (S. 24) ein Extensionalitätsaxiom verbirgt, auf das ebenfalls schon FREGE [10], [11] aufmerksam gemacht hatte. PEANO setzt also stillschweigend für die Klassenbildung ein uneingeschränktes Komprehensionsaxiom und Extensionalität voraus. Allerdings erfolgen bei den praktischen Anwendungen seiner Begriffsschrift in der Mathematik die Klassenbildungen stets innerhalb eines festen Grundbereichs (vgl. hierzu insbesondere die Bemerkung PEANOS im letzten Absatz von S. 16) und unterscheidet er sorgfältig zwischen Klassen (K), Klassen von Klassen (KK) usw.

Die Operationen der Mengenalgebra werden durch PEANO auf unterschiedliche Weise charakterisiert. Während er den Durchschnitt $a\cap b$ als Klasse aller *x* definiert, die sowohl zu *a* als auch zu *b* gehören (S. 19), erklärt er die Vereinigung $a\cup b$, die leere Klasse Λ, die Allklasse V und das Komplement $\sim a$ als Supremum, Nullelement, Einselement und komplementäres Element in der durch die Inklusion gegebenen Ordnungsstruktur (S. 20/21), wobei er die Existenz und Einzigkeit dieser Bildungen stillschweigend als gesichert ansieht. Schließlich beschreibt PEANO den Übergang von einem Individuum *x* zu der von ihm mit ιx bezeichneten Einerklasse $\{x\}$ und den inversen Übergang von einer Einerklasse $a = \{x\}$ zu dem mit ιa bezeichneten Individuum *x* (S. 24/25). Die logischen Operationen Äquivalenz, Falsum, Verum, Disjunktion und Negation erklärt er mit Hilfe der zuvor definier-

---

[1]) Seitenhinweise beziehen sich stets auf die untere Paginierung der vorliegenden Ausgabe.

ten Operationen für Klassen (S. 22/23), wobei er für jene dieselben Symbole wie für die entsprechenden Operationen mit Klassen benutzt. Dieses teilweise merkwürdige Vorgehen erklärt sich aus seinem Anliegen „die Begriffe der Logik auf eine immer kleinere Anzahl von Grund- oder ursprünglichen Begriffen zurück(zu)führen", verfälscht aber natürlich die wirklichen logischen Verhältnisse.

In [A] und in seinen anderen Veröffentlichungen zur Logik (vgl. z. B. auch [G]) gibt Peano eine große Anzahl von Formeln an, die er – z. T. in Berufung auf andere Autoren – als „gültig", „beweisbar", „Identität" u. ä. bezeichnet. In [A] sind das (in heutiger Schreibweise) u. a. folgende:

$$a, b, c \in K \Rightarrow a \cap a = a$$
$$a \cap b = b \cap a$$
$$a \cap (b \cap c) = (a \cap b) \cap c$$
$$a \cap (b \cup c) = (a \cap b) \cup (a \cap c)$$
$$\sim(a \cup b) = (\sim a) \cap (\sim b)$$
$$\sim(a \cap b) = (\sim a) \cup (\sim b)$$
$$\forall x (x \in a \Leftrightarrow \{x\} \subseteq a)$$
$$\forall x (x \notin a \Leftrightarrow a \cap \{x\} = \varLambda) \quad \text{usw.}$$

Sie spielen für ihn die Rolle von „Sätzen der Logik", deren Gültigkeit für ihn evident war. Jedenfalls hat er keine Versuche unternommen, sie in irgendeiner Weise zu „begründen", zu „beweisen", zu systematisieren oder auf eine möglichst geringe Anzahl zu reduzieren, wie dies sein Programm für die Sätze der Mathematik vorsah.

Der Begriff des geordneten Paares wird von Peano in [A] als neuer Grundbegriff benutzt (S. 23). Mengentheoretische Definitionen hierfür wurden erst 1914 von N. Wiener [71] und F. Hausdorff [17] sowie 1921 von C. Kuratowski [26] gegeben. Die von Peano in [A] angeführte „Definition" einer Funktion (S. 25) ist natürlich nicht haltbar; wesentlich präzisere Ausführungen zum Funktionsbegriff finden sich z. B. in § c und § c' von [G] (S. 81 ff.).

Die Arbeiten Peanos zu Grundlagenfragen der Mathematik begannen 1888 mit dem im Verlag Bocca in Turin erschienenen Buch [43]. Dieses Buch wurde durch sein 1887 erschienenes Buch [41] vorbereitet, in dem er sich, anknüpfend an Bellavitis, Möbius, Hamilton und vor allem Grassmanns „Ausdehnungslehre" [13], um die Schaffung eines geometrischen Kalküls und dessen Anwendungen auf Probleme der mehrdimensionalen Analysis bemühte. Das Buch von 1888 diente der Vervollkommnung jenes Kalküls, der nahezu identisch mit der heutigen Form der Vektorrechnung ist, zu deren Begründer Peano damit wurde (vgl. auch [E] und [G]). In einem einleitenden Kapitel dieses Buches entwickelte Peano erstmalig seine logische Formelsprache und stellte dann in dessen Hauptteil mit ihrer Hilfe die Theorie der Vektorräume in halbformalisierter Gestalt dar, wobei er zugleich auf die Analogien zwischen dem formalen Rechnen in Algebra und geometrischem Kalkül und in der von ihm angestrebten „Algebra der Logik" aufmerksam machte.

Ebenfalls anknüpfend an Grassmann, und zwar an dessen 1861 erschienenes „Lehrbuch der Arithmetik für höhere Lehranstalten" [14], legte Peano 1889 in seiner Schrift [44] unter Benutzung seiner Formelsprache die heute nach ihm benannte Axiomatisierung der Arithmetik der natürlichen Zahlen dar. Insbesondere hatte GRASSMANN in seinem Lehrbuch [14] die heute üblichen rekursiven Definitionen von Addition und Multiplikation gegeben und auf deren Grundlage die wesentlichen Rechengesetze bewiesen. Die eigentlichen Axiome übernahm PEANO dagegen aus DEDEKINDS Büchlein „Was sind und was sollen die Zahlen?" [8], wo sie allerdings als Sätze im Rahmen einer mengentheoretischen Definition der natürlichen Zahlen erscheinen. Dort finden sich übrigens auch die ersten grundlegenden Ausführungen über die Notwendigkeit und Möglichkeit der Rechtfertigung rekursiver Definitionen.

Die den Anhang II zur deutschen Ausgabe von [39] bildende Note [B] ist die Übersetzung einer von PEANO im Band 2 des *Formulaire* gegebenen skizzenhaften Darstellung seiner Begründung des Zahlbegriffs. Sie unterscheidet sich von früheren ausführlichen Darstellungen vor allem darin, daß er jetzt die Zahl 0 zu den natürlichen Zahlen hinzunimmt (während er früher die natürlichen Zahlen mit 1 begonnen hatte) und die Axiome der Gleichheit nicht mehr unter die Axiome der Arithmetik aufnimmt. Die Multiplikation wird in [B] als Iteration der Addition erklärt, wobei PEANO die Definition der Iteration einer Funktion als eine sinngemäße Verallgemeinerung der rekursiven Definition der Addition erkennt. Neben einer axiomatischen Begründung der natürlichen Zahlen enthält die Arbeit [B] bemerkenswerte Ansätze für eine Begründung der ganzen, rationalen und reellen Zahlen.

Der Anhang V zur deutschen Ausgabe von [39] ist die Übersetzung des Kapitels 6 des 1893 im Verlag Candeletti in Turin erschienenen zweibändigen Lehrbuchs [53]. Er enthält eine kurze Einführung in die Geometrie des n-dimensionalen euklidischen Raumes R^n als Grundlage für die Analysis mehrerer Veränderlicher.

Die Paragraphen 1 bis 4 von [E] enthalten die algebraischen Grundlagen und bedürfen keines Kommentars. In den Paragraphen 5 bis 14 entwickelt PEANO die Grundlagen der Topologie des R^n. Interessant ist, daß er als wesentlichen Grundbegriff die Bildung der abgeschlossenen Hülle CU einer Punktmenge U („die geschlossen gemachte Klasse U") erkennt, die er als Menge aller Punkte x des R^n definiert, die von U den Abstand 0 haben; der Abstand eines Punktes x von einer Punktmenge U ist dabei wie üblich als Infimum der Menge $\{\,|x - a| : a \in U\}$ definiert. Als grundlegende Sätze stellt er gerade jene Eigenschaften des Hüllenoperators heraus, die 1922 von C. KURATOWSKI [27] zur Definition einer Topologie verwendet wurden:

$$U \subseteq CU, \quad CCU = CU, \quad C(U_1 \cup U_2) = CU_1 \cup CU_2.^{1)}$$

Den von CANTOR [6] eingehend studierten Operator der Ableitung DU einer Punktmenge („Derivierte von U") definiert PEANO als Menge aller Punkte x, die von $U\setminus\{x\}$ den Abstand 0 haben, und zeigt, daß $CU = U \cup DU$. In den Paragraphen 9 und 10 gibt PEANO der von CANTOR [11, Teil 6] eingeführten „distributiven Eigen-

---

1) Das Durchschnittszeichen in Formel (1) auf S. 51 ist ein offensichtlicher Druckfehler.

schaft" eine exaktere Fassung, wobei er darauf hinweist, daß „Eigenschaften von Punktmengen" dasselbe wie „Systeme von Punktmengen" sind. Es sei angemerkt, daß die „distributiven Systeme" gerade die Komplementärsysteme von Mengenidealen und damit die von Peano in § 14 studierten „antidistributiven Systeme" gerade die Mengenideale sind. Der auf dem Cantorschen Theorem aus § 11 beruhende Beweis für den Satz von Bolzano-Weierstrass in § 12 findet sich bereits bei Cantor und war für diesen gerade der Anlaß zur Einführung der distributiven Eigenschaft.

In den restlichen Paragraphen 15 bis 24 von [E] betrachtet Peano Abbildungen f von einer Teilmenge U des R^n in den R^m und entwickelt für derartige Abbildungen die Grundzüge einer allgemeinen Theorie der Grenzwerte und der Stetigkeit. Er bezeichnet zunächst mit $\mathrm{Lim}_{x,\,U,\,x_0} f(x)$ die Menge aller der Punkte a des R^m, denen sich die Werte der Funktion f unbegrenzt nähern, wenn sich das Argument x aus der Menge $U\backslash\{x_0\}$ unbegrenzt dem Punkte x_0 nähert; falls es solche Annäherungen gibt, bei denen $|f(x)|$ über alle Grenzen wächst, nimmt Peano in diese Menge zusätzlich den symbolischen Wert ∞ auf. In § 17 beweist Peano unter Benutzung des Cantorschen Satzes einen allgemeinen „Existenzsatz" für die Menge $\mathrm{Lim}_{x,\,U,\,x_0} f(x)$. In § 18 untersucht er, wann ein eindeutig bestimmter Grenzwert existiert und beweist hierfür in § 19 ein Cauchy-Kriterium. In § 20 macht Peano auf die Abhängigkeit der Menge $\mathrm{Lim}_{x,\,U,\,x_0} f(x)$ von der Menge U aufmerksam und untersucht in § 21 speziell die partiellen Grenzwerte, wo also U Teilmenge einer Parallelen zu einer Koordinatenachse ist. Der Paragraph 22 behandelt Fragen der Fortsetzung einer auf einer Menge U definierten Funktion auf die Menge DU.[1]) In § 23 definiert er schließlich den Begriff der stetigen („kontinuierlichen") Funktion und beweist in § 24 drei grundlegende Eigenschaften der auf einer kompakten Menge stetigen Funktionen.

Die Arbeit [F] aus dem Jahre 1890 enthält die Konstruktion der nach Peano benannten stetigen Abbildung des Einheitsintervalls $[0,1]$ auf das Einheitsquadrat im R^2.

Wir geben zunächst eine kurze Zusammenfassung des Inhalts dieser Arbeit:

Betrachtet werden Zahlenfolgen $T = (a_1, a_2, \ldots)$, deren Glieder a_n $(n = 1, 2, \ldots)$ nach Belieben die Werte 0, 1, 2 annehmen können. Als Wert val T einer solchen Zahlenfolge wird die reelle Zahl $\displaystyle\sum_{n=1}^{\infty} \frac{a_n}{3^n}$ definiert, d. h. die reelle Zahl des Intervalls $[0,1]$ mit der triadischen Darstellung $0, a_1 a_2 \ldots (3)$. Es ist bekannt, daß die Zahlen des offenen Intervalls $]0,1[$, deren Produkt mit einer geeigneten Potenz von 3 eine natürliche Zahl ist, zwei triadische Darstellungen haben, während für die übrigen Zahlen die triadische Darstellung eindeutig ist. Für $a \in \{0, 1, 2\}$ sei $ka = a - 2$ gesetzt, d. h. $k0 = 2$, $k1 = 1$, $k2 = 0$. Ferner bezeichne k^n für beliebiges $n \geq 1$ die n-fache Iteration der Funktion k. Dann gilt:

$$k^n a = \begin{cases} a, & \text{falls } n \text{ gerade,} \\ ka, & \text{falls } n \text{ ungerade.} \end{cases}$$

---

[1]) Die in § 22 mehrfach auftretende Bezeichnung „derivierte Gruppe" ist ein Übersetzungsfehler und durch „derivierte Klasse" zu ersetzen.

Für eine beliebige Folge $T = (a_1, a_2, \ldots)$ seien

$$X(T) = (b_1, b_2, \ldots), \quad Y(T) = (c_1, c_2, \ldots)$$

diejenigen triadischen Folgen, die sich aus T vermöge folgender Gleichungen ergeben:

$$b_1 = a_1, \ldots, b_{n+1} = k^{a_2 + a_4 + \ldots + a_{2n}} a_{2n+1}, \ldots,$$

$$c_1 = k^{a_1} a_2, \ldots, c_{n+1} = k^{a_1 + a_3 + \ldots + a_{2n+1}} a_{2n+2}, \ldots.$$

Den Hauptteil des Peanoschen Beweises bildet der Nachweis folgender Behauptung:

$$\text{val } T = \text{val } T' \Rightarrow \text{val } X(T) = \text{val } X(T') \ \& \ \text{val } Y(T) = \text{val } Y(T').$$

Damit erhält man leicht, daß durch

$$x(0, a_1 a_2 \ldots (3)) = \text{val } X(a_1, a_2, \ldots),$$

$$y(0, a_1 a_2 \ldots (3)) = \text{val } Y(a_1, a_2, \ldots)$$

eine eindeutige Abbildung des Einheitsintervalls auf das Einheitsquadrat definiert wird, und eine leichte Rechnung zeigt, daß diese Abbildung stetig ist.

PEANO merkt an, daß man anstelle der Zahl 3 auch eine beliebige andere ungerade Zahl als Grundzahl verwenden kann, während bei gerader Basis die Konstruktion komplizierter wird. Er merkt weiter an, daß eine leichte Verallgemeinerung der Konstruktion (vgl. S. 74 oben) eine stetige Abbildung des Einheitsintervalls auf den dreidimensionalen Einheitswürfel liefert. Er macht ferner darauf aufmerksam, daß für Punkte (x, y) des Einheitsquadrates, bei denen x und y eine eindeutige triadische Darstellung haben, die konstruierte Abbildung eineindeutig ist, während die übrigen Punkte 2 oder 4 Urbilder besitzen. Die Peanokurve ist zugleich ein Beispiel für eine überall stetige und nirgends differenzierbare Funktion.

Ausgangspunkt für die Untersuchungen PEANOS in [F] war die 1877 von CANTOR [5] gefundene eineindeutige Abbildbarkeit des Intervalls $[0,1]$ auf das Einheitsquadrat. Schon im Briefwechsel zwischen DEDEKIND und CANTOR über diese Arbeit hatte DEDEKIND bemerkt, daß die von CANTOR konstruierte Abbildung im höchsten Maße unstetig ist. Im Zuge der Entwicklung der Analysis hatte dann C. JORDAN im Jahre 1887 die folgende allgemeine Definition einer Kurve im R^n gegeben: *Eine Teilmenge des R^n heißt eine Kurve, wenn sie stetiges Bild eines Intervalls der Zahlengeraden* (ohne Beschränkung der Allgemeinheit, des Einheitsintervalls $[0,1]$) *ist* (vgl. [22]). Daher war die Entdeckung PEANOS eine Überraschung, zeigte sie doch, daß die Definition JORDANS nicht haltbar war. Zugleich festigte sich aber auch die Überzeugung, daß eine eineindeutige und stetige Abbildung, d. h. ein Homöomorphismus, vom Einheitsintervall auf das Einheitsquadrat nicht möglich ist, eine Behauptung für die bereits 1879 CANTOR [7] einen unvollständigen Beweisversuch unternommen hatte; ebenso enthalten die von PEANO zitierten Arbeiten von NETTO und LORIA zu diesem Problem wesentliche Lücken. Den ersten überzeugenden Beweis für den genannten Satz erbrachte im Jahre 1907 J. LÜROTH [29], bevor 1911 L. E. J. BROUWER [4] seinen berühmten Satz über die Invarianz der Dimension bei homöomorphen Abbildungen beweisen konnte. Unter Benutzung der bekannten Tatsache, daß das stetige Bild einer kompakten und zusammenhängenden Punktmenge (z. B. eines metrischen Raumes) wieder kompakt und zusammenhängend ist, beweist man leicht den folgenden Satz: *Enthält eine Punktmenge A eines R^n mit $n \geq 2$ einen inneren Punkt, so gibt es keinen Homöomorphismus des Einheitsintervalls auf die Menge A.*

Während die Konstruktion Peanos auf rein arithmetischen Betrachtungen beruhte, gab kurz darauf D. Hilbert [20] eine einfache geometrische Beschreibung der Peanoschen Konstruktion zur Grundzahl 2, die sich leicht auch zu einer solchen für die Grundzahl 3 abändern läßt. Weitere anschauliche Konstruktionen stammen u. a. von H. Lebesgue [28] und K. Knopp [25]. Auch bei der Hilbertschen Konstruktion hat jeder Punkt des Quadrates 1, 2 oder 4 Urbildpunkte auf der Einheitsstrecke. Indessen bemerkte bereits Hilbert, daß man seine Konstruktion so abändern kann, daß jeder Punkt des Quadrats höchstens 3 Urbildpunkte hat. Das ist alles, was man erreichen kann. Es gilt nämlich der folgende Satz (vgl. H. Hahn [15]): *Bei jeder stetigen Abbildung einer Strecke auf ein Quadrat gibt es eine im Quadrat dichte Menge von Punkten, die mindestens drei verschiedene Urbilder auf der Strecke besitzen, und die Menge der Punkte mit mindestens zwei Urbildern hat die Mächtigkeit des Kontinuums.*

Das von Peano in der Arbeit [F] vorgelegte Ergebnis war damit der Ausgangspunkt für grundlegende Untersuchungen in der mengentheoretischen Topologie zur Kurven- und zur Dimensionstheorie, die eine Zusammenfassung und einen gewissen Abschluß in den Büchern [34] und [33] von K. Menger aus den Jahren 1932 und 1928 fanden. Als abschließendes Resultat der Untersuchungen zu den stetigen Streckenbildern nennen wir hier deren topologische Charakterisierung durch H. Hahn [16] und S. Mazurkiewicz [32]: *Ein T_2-Raum R ist genau dann stetiges Bild des Einheitsintervalls, wenn R ein lokal zusammenhängendes Kontinuum mit abzählbarer Basis ist.* Diese lokalzusammenhängenden Kontinua werden heute als *Peano-Räume* bezeichnet. Eine etwas andere Charakterisierung der stetigen Streckenbilder wurde 1920 von W. Sierpiński [69] gegeben. Schließlich lassen sich die stetigen Streckenbilder auch als sogenannte dyadische Kontinua charakterisieren (vgl. F. Hausdorff [18]).

Die Arbeit [G] aus dem Jahre 1890 enthält den Beweis des heute nach Peano benannten Existenzsatzes für Systeme von gewöhnlichen Differentialgleichungen erster Ordnung in folgender Gestalt: *Sind $\varphi_1, \ldots, \varphi_n$ reelle Funktionen der $n + 1$ reellen Veränderlichen $(t, x_1, \ldots, x_n)$, die in einer Umgebung der Stelle $(b, a_1, \ldots, a_n)$ definiert und stetig sind, so existieren ein Intervall $[b, b']$ und in diesem n differenzierbare Funktionen $x_1(t), \ldots, x_n(t)$, so daß für alle $\tau \in [b, b']$ die Gleichungen*

$$\frac{\mathrm{d}x_1}{\mathrm{d}t}(\tau) = \varphi_1(\tau, x_1(\tau), \ldots, x_n(\tau))$$
$$\vdots$$
$$\frac{\mathrm{d}x_n}{\mathrm{d}t}(\tau) = \varphi_n(\tau, x_1(\tau), \ldots, x_n(\tau))$$

und die Anfangsbedingungen $x_1(b) = a_1, \ldots, x_n(b) = a_n$ erfüllt sind. Schon 1886 hatte Peano in [40] den Spezialfall einer einzelnen Differentialgleichung erster Ordnung mit ähnlichen Betrachtungen wie in [G] behandelt.

Die Arbeit [G] besteht aus zwei Teilen. Im ersten Teil entwickelt PEANO ausführlich seine Formelsprache und stellt mit ihrer Hilfe unter umfassender Nutzung des von ihm 1888 begründeten Kalküls der Vektorrechnung die später benötigten Hilfsmittel aus der mengentheoretischen Topologie bereit. Der zweite Teil enthält den eigentlichen Beweis des Existenzsatzes. Nach einer ausführlichen Beweisskizze in normaler Umgangssprache erfolgt die 16 Seiten umfassende Darlegung der einzelnen Beweisschritte, nahezu ausschließlich in Formeln der Peanoschen Begriffsschrift. Der abschließende §8 enthält naheliegende Beispiele dafür, daß eine Anfangswertaufgabe mehrere Lösungen besitzen kann, wenn man lediglich die Stetigkeit der rechten Seiten voraussetzt, sowie den Hinweis, daß das Erfülltsein einer Lipschitz-Bedingung für die eindeutige Existenz einer Lösung zwar hinreichend, jedoch nicht notwendig ist.

Wir geben einen Überblick über den Inhalt der Arbeit [G], wobei wir uns heute üblicher Bezeichnungen bedienen:

Im §a des ersten Teils erklärt PEANO den Aufbau seiner Formelsprache und erläutert ihren Gebrauch an einer Reihe von Beispielen (vgl. hierzu auch [A]). Da er für die Verknüpfungen von Klassen und für die analogen Verknüpfungen von Aussagen jeweils dieselben Symbole verwendet, sind die Formeln seiner Begriffsschrift oft nur mit großer Mühe zu entschlüsseln. Zur schweren Lesbarkeit tragen sicher auch die rigorose Ersetzung von Klammern durch Punkte und die Umschreibung aller Existenzaussagen durch äquivalente Allaussagen bei. Die ausschließliche Verwendung kleiner lateinischer Buchstaben als Variablen zwingt PEANO dazu, allen seinen Aussagen eine vollständige Liste von „Typvereinbarungen" für die auftretenden Variablen voranzustellen. Die Ausführungen des §a dürften auch einem Leser, der nicht die französische Sprache beherrscht, ohne weiteren Kommentar verständlich sein. Man beachte, daß das Symbol $\supset$ zwischen Aussagen a, b die Implikation $a \Rightarrow b$ bedeutet, während es zwischen Klassen a, b die Inklusion $a \subseteq b$ bezeichnet.

In §b entwickelt PEANO die Grundzüge der Vektorrechnung des R^n (vgl. [E]). Auch diese Ausführungen bedürfen wohl keines Kommentars.

In §c und §c' gibt PEANO eine Einführung in sein Bezeichnungssystem für Funktionen. Sind A und B beliebige Klassen (Mengen), so bezeichnet er mit B/A die Menge aller Abbildungen (Funktionen) von der Menge A in die Menge B. Er weist ausdrücklich darauf hin, daß der Begriff der Abbildung ein Grundbegriff ist, den man „als zur Logik gehörig betrachten kann". Ist f eine Abbildung von A in B und $x \in A$, so bedeutet $f(x)$ oder fx das Bild von x bei der Abbildung f, während im Falle $s \subseteq A$ unter fs die Menge aller Bilder fx mit $x \in s$ verstanden wird. Ist f eine (nicht notwendig eineindeutige) Abbildung von A in B, so bedeutet $\bar{f}$ die (evtl. mehrdeutige) Umkehrabbildung zu f; falls f eine Bijektion („ähnliche Abbildung") und y ein Element von B ist, versteht PEANO unter $\bar{f}y$ das eindeutig bestimmte Urbild von y, während er andernfalls mit $\bar{f}y$ die Menge aller Urbilder von y bezeichnet. In §c' macht PEANO auf die Gefahren der Mehrdeutigkeit seiner Bezeichnungen aufmerksam und diskutiert Möglichkeiten, diese zu beheben.

Der §d enthält u. a. Definitionen der oberen und unteren Grenze einer Menge A von reellen Zahlen ($l^1 A$, $l_1 A$) sowie der abgeschlossenen Hülle CA und der Ableitung DA einer Punktmenge des R^n (vgl. [E]). Am Ende von §d gibt PEANO eine Zusammenstellung der wichtigsten Theoreme für diese Bildungen:

$$A \subseteq CA, \quad A \subseteq B \Rightarrow CA \subseteq CB,$$

$$C(A \cap B) \subseteq CA \cap CB,$$

$$CA = A \,\&\, CB = B \Rightarrow C(A \cap B) = A \cap B,$$

$$C(A \cup B) = CA \cup CB,$$

$$CCA = CA,$$

$$A \subseteq \mathsf{R} \,\&\, A \text{ beschränkt} \Rightarrow l^1 A, l_1 A \in CA,$$

$$A \subseteq \mathsf{R}^n \,\&\, CA = A \,\&\, A \text{ beschränkt} \,\&\, f \in \mathsf{R}/A \,\&\, f \text{ stetig} \Rightarrow CfA = fA.$$

In §e und §e′ definiert Peano den für seinen Beweis grundlegenden Begriff des Grenzwertes $\lim\limits_{h \to 0} A_h$ einer durch die positiven reellen Zahlen indizierten Schar $(A_h : h \in \mathsf{R}_+)$ von Punktmengen des R^n (bei Peano: $\lim\limits_{h=0} fh$, wobei f eine Abbildung von der Menge R_+ der (echt) positiven reellen Zahlen in das System aller Punktmengen des R^n ist – $f\varepsilon(\mathrm{K}q_n/Q)$), und zwar als Menge aller Punkte x des R^n, für die $\lim\limits_{h \to 0} \varrho(A_h, x) = 0$ ist, wobei $\varrho(A, x)$ den durch $\varrho(A, x) = \inf\{|a - x| : a \in A\}$ definierten Abstand des Punktes x von der Menge A bezeichnet. Für diesen Limes beweist Peano u. a. die folgenden Sätze, wobei in §e die Darlegungen in Formelsprache erfolgen und in §e′ deren Übersetzung in normale Umgangssprache angegeben ist:

$$\bigcap (A_h : h \in \mathsf{R}_+) \subseteq \lim A_h,$$

$$(\exists k \in \mathsf{R}_+)(\forall h)(h \leq k \Rightarrow A_h \subseteq A) \Rightarrow \lim A_h \subseteq CA,$$

$$(\forall h)(A_h \subseteq B_h) \Rightarrow \lim A_h \subseteq \lim B_h,$$

$$\lim (A_h \cap B_h) \subseteq \lim A_h \cap \lim B_h,$$

$$(\forall h)(A_h \subseteq B_h \subseteq C_h) \,\&\, \lim A_h = \lim C_h \Rightarrow \lim A_h = \lim B_h = \lim C_h,$$

$$C(\lim A_h) = \lim (CA_h),$$

$$(\forall h, k)(h < k \Rightarrow A_h \subseteq A_k) \,\&\, (\exists p \in \mathsf{R}_+)(\forall h)(\exists x \in A_h)(|x| < p) \Rightarrow \lim A_h \neq \emptyset.$$

Die Beweisskizze für den Existenzsatz im zweiten Teil von [G] beginnt mit einer Reduktion des allgemeinen Satzes auf folgenden Spezialfall: *Es sei φ eine Abbildung des R^{n+1} in den R^n, die folgende Bedingungen erfüllt:*
1°) φ *ist in allen Punkten des R^{n+1} stetig,*
2°) $\varphi(0, 0, \dots, 0) = (0, \dots, 0),$
3°) $|\varphi(t, x)| < 1$ *für alle $t \in \mathsf{R}$ und $x \in \mathsf{R}^n$ mit $|t| \leq 1, |x| \leq 1$.*

Dann existiert eine (koordinatenweise) differenzierbare Abbildung f des Einheitsintervalls $[0,1]$ *in den R^n, so daß $f(0) = (0, \dots, 0)$ und $\dfrac{df}{dt}(\tau) = \varphi(\tau, f(\tau))$ für alle $\tau \in [0,1]$.* Bemerkenswert ist die konsequente Verwendung der Vektorschreibweise bei der Formulierung des Satzes und in seinem Beweis.

Den Beweis des genannten Theorems löst Peano in eine Vielzahl von Hilfssätzen auf, deren wichtigste in den Paragraphen 1 bis 7 einer Beweisskizze zusammengestellt sind (S. 98–104) und deren ausführlicher Beweis in formalisierter Gestalt in entsprechenden Paragraphen auf den folgenden Seiten 104 bis 120 erfolgt.

Für eine gegebene Abbildung φ des R^{n+1} in den R^n, die den obigen Bedingungen 1°)–3°) genügt, bildet PEANO in § 1 die Klasse $\beta\,(t_0, t_1, h)$ $(t_0, t_1 \in \mathsf{R},\ t_0 \neq t_1,\ h \in \mathsf{R}_+)$ aller derjenigen stetigen Abbildungen f des Intervalls $t_0{}^- t_1$ $(t_0{}^- t_1$ bezeichnet im Fall $t_0 < t_1$ das Intervall $[\![t_0, t_1]\!]$ und im Fall $t_0 > t_1$ das Intervall $[\![t_1, t_0]\!])$ in den R^n, für die für alle $\tau \in t_0{}^- t_1$ die Ungleichung

$$(\beta) \qquad \left| \frac{\mathrm{d}f}{\mathrm{d}t}(\tau) - \varphi(\tau, f(\tau)) \right| < h$$

erfüllt ist. Dabei bedeutet (β), daß für f in allen inneren Punkten von $t_0{}^- t_1$ sowohl die linksseitige als auch die rechtsseitige (koordinatenweise) Ableitung existiert, in den Endpunkten die entsprechenden einseitigen Ableitungen vorhanden sind und für alle diese einseitigen Ableitungen die Ungleichung (β) gilt. Weiterhin definiert PEANO in § 1 die Menge $B\,(x_0; t_0, t_1, h)$ $(x_0 \in \mathsf{R}^n)$ als Menge aller der Punkte x des R^n, für die eine Funktion $f \in \beta\,(t_0, t_1, h)$ mit $f(t_0) = x_0$ und $f(t_1) = x$ existiert (zusätzlich sei $B\,(x_0; t_0, t_0, h) = \{x_0\}$ gesetzt). Er merkt an, daß für ein hinreichend kleines Intervall $[\![t', t'']\!]$ mit $t' < t_0 < t''$ die Funktion $f(t) = x_0 + (t - t_0)\,\varphi(t_0, x_0)$ zu $\beta(t', t'', h)$ gehört, während die Menge $B\,(x_0; t_0, t_1, h)$ durchaus leer sein kann. In der Beweisskizze vermerkt er die Gültigkeit der folgenden offensichtlichen Sätze:

$$x_1 \in B\,(x_0; t_0, t_1, h) \Rightarrow x_0 \in B\,(x_1; t_1, t_0, h),$$

$$0 < h < k \Rightarrow B\,(x_0; t_0, t_1, h) \subseteqq B\,(x_0; t_0, t_1, k),$$

$$0 \leqq t_0 < t_1 < t_2 \ \& \ B\,(x_0; t_0, t_1, h) \cap B\,(x_2; t_2, t_1, h) \neq \emptyset \Rightarrow x_2 \in B\,(x_0; t_0, t_2, h).$$

In §2 der Beweisskizze vermerkt PEANO insbesondere, daß die Menge $B\,(0, \ldots, 0; 0, t, h)$ für jedes $h > 0$ und jedes $t \in [\![0,1]\!]$ einen Punkt $x \in \mathsf{R}^n$ mit $|x| < 1$ enthält, also nicht leer ist.

Über eine Reihe von „Abschätzungen" erhält PEANO in §3 schließlich die folgende Aussage: Für jedes $x_0 \in \mathsf{R}^n$, für jedes $t_0, t_1 \in \mathsf{R}$ mit $t_0 \neq t_1$ und für jedes $h, k \in \mathsf{R}_+$ ist $C B\,(x_0; t_0, t_1, h) \subseteqq B\,(x_0; t_0, t_1, h + k)$.

In §4 definiert PEANO die Menge $A\,(x_0; t_0, t_1)$ als $\lim\limits_{h \to 0} B\,(x_0; t_0, t_1, h)$ im Sinne von §e. Er vermerkt als erstes, daß folgendes gilt: Erfüllt eine differenzierbare Funktion $f(t)$ im Intervall $[\![t_0, t_1]\!]$ die gegebene Differentialgleichung mit der Anfangsbedingung $f(t_0) = x_0$, so gehört $f(t_1)$ zu $A\,(x_0; t_0, t_1)$. Als wesentliche Hilfssätze formuliert PEANO im §4 seiner Beweisskizze die folgenden Eigenschaften der Klassen $A\,(x_0; t_0, t_1)$:

$$(\forall t \in [\![0,1]\!])(A\,(0, \ldots, 0; 0, t) \neq \emptyset),$$

$$A\,(x_0; t_0, t_1) = \bigcap \{B\,(x_0; t_0, t_1, h) : h \in \mathsf{R}_+\},$$

$$(\forall t \in [\![0,1]\!])(\forall x)(x \in A\,(0, \ldots, 0; 0, t) \Rightarrow |x| < 1),$$

$$(\forall x_0 \in \mathsf{R}^n)(\forall t_0 \in \,]\!]0,1[\!\,)(\forall k \in \mathsf{R}_+)(\exists t', t'' \in [\![0,1]\!])$$

$$(t' < t_0 < t'' \ \& \ (\forall t)(t \in [\![t', t'']\!] \ \& \ t \neq t_0$$

$$\Rightarrow (\forall x)(x \in A\,(x_0; t_0, t) \Rightarrow \left| \frac{x - x_0}{t - t_0} - \varphi(t_0, x_0) \right| < k))).$$

In §5 behandelt Peano den Spezialfall, daß die Menge $A(0, \ldots, 0; 0, t)$ für alle $t \in [\![0,1]\!]$ eine Einermenge $\{y(t)\}$ ist, und zeigt, daß dann die durch $f(t) = y(t)$ definierte Abbildung des Intervalls $[\![0,1]\!]$ in den R^n die gesuchte Lösung des Differentialgleichungssystems mit den Anfangswerten $f(0) = (0, \ldots, 0)$ ist. Er merkt an, daß dieser Fall immer dann eintritt, wenn die Funktion $\varphi(t, x)$ einer Lipschitz-Bedingung genügt.

Der Spezialfall $n = 1$, den Peano schon 1886 studiert hatte, wird in §6 diskutiert. In diesem Fall bilden die Mengen $A(0; 0, t)$ für jedes $t \in [\![0,1]\!]$ ein (evtl. in einen Punkt ausgeartetes) Intervall $[\![y_1(t), y_2(t)]\!]$, und die durch $f_1(t) = y_1(t)$ und $f_2(t) = y_2(t)$ definierten Funktionen sind Lösungen der betrachteten Anfangswertaufgabe (*Minimalintegral* bzw. *Maximalintegral* genannt), und allgemein gilt dies für jede in $[\![0,1]\!]$ differenzierbare Funktion $f(t)$, die den Ungleichungen $y_1(t) \leqq f(t) \leqq y_2(t)$ genügt.

In §7 diskutiert Peano schließlich den allgemeinen Fall. Zur Konstruktion einer Lösung $f(t)$ der betrachteten Anfangswertaufgabe setzt Peano zunächst $f(0) = (0, \ldots, 0)$ und wählt als $f(1)$ ein beliebiges Element der Menge $A(f(0); 0, 1)$. Dann ist nach einem Resultat aus §4 der Durchschnitt $A(f(0); 0, t) \cap A(f(1); 1, t)$ für kein $t \in [\![0,1]\!]$ leer. Ist dieser Durchschnitt stets eine Einermenge $\{y(t)\}$, so wird durch $f(t) = y(t)$ eine Lösung des Differentialgleichungssystems erhalten, die durch den Anfangswert $f(0) = (0, \ldots, 0)$ und den gewählten Wert $f(1)$ eindeutig bestimmt ist. Wenn dagegen die genannte Bedingung nicht erfüllt ist, so wird als $f(\frac{1}{2})$ ein beliebiges Element des Durchschnitts $A(f(0); 0, \frac{1}{2}) \cap A(f(1); 1, \frac{1}{2})$ gewählt und mit diesem dann die Konstruktion von $f(t)$ in den Teilintervallen $[\![0, \frac{1}{2}]\!]$ und $[\![\frac{1}{2}, 1]\!]$ fortgesetzt. Nachdem auf die angegebene Weise für alle Zahlen t des Intervalls $[\![0,1]\!]$ der Form $\frac{s}{2^r}$ Werte der Funktion $f(t)$ bestimmt wurden, erfolgt die Fortsetzung von f auf die übrigen Zahlen des Intervalls $[\![0,1]\!]$. Dazu wird für eine solche Zahl t der Durchschnitt aller Mengen $A(f(t'); t', t)$ gebildet, wobei t' von der Gestalt $\frac{s}{2^r}$ ist, und gezeigt, daß dieser Durchschnitt eine Einermenge $\{x_0\}$ ist, und eben dieser Punkt x_0 wird als $f(t)$ genommen. Es wird weiter gezeigt, daß für jedes $t, t' \in [\![0,1]\!]$ die Beziehung $f(t') \in A(f(t); t, t')$ erfüllt ist, und daraus folgt mittels Resultaten aus §4, daß die konstruierte Funktion f eine Lösung des betrachteten Anfangswertproblems ist.

Ein Hinweis am Ende des §7 der Beweisskizze (S. 104) zeigt, daß sich Peano schon 1890 über die Problematik des Auswahlaxioms vollständig im klaren war: „Weil man nicht unendlich oft ein *willkürliches* Gesetz anwenden kann, um aus einer Klasse a ein Individuum auszuwählen, muß man hierzu ein *determiniertes* Gesetz bilden, nach dem man jeder Klasse a unter geeigneten Voraussetzungen ein Individuum aus dieser Klasse zuordnet". Das von ihm im vorliegenden Fall verwendete „determinierte Gesetz" besteht darin, daß er aus einer beliebigen nichtleeren, beschränkten und abgeschlossenen Teilmenge A des R^n dasjenige Element $\omega A = (x_1^*, \ldots, x_n^*)$ auswählt, das gegeben wird durch

$$x_1^* = \max \{x_1 : \exists x_2 \ldots x_n \, (x_1, x_2, \ldots, x_n) \in A\},$$

$$\cdots \cdots \cdots \cdots \cdots \cdots \cdots \cdots \cdots \cdots \cdots \cdots$$

$$x_2^* = \max \{x_2 : \exists x_3 \ldots x_n \, (x_1^*, x_2, \ldots, x_n) \in A\},$$

$$x_n^* = \max \{x_n : (x_1^*, x_2^*, \ldots, x_{n-1}^*, x_n) \in A\}.$$

Nach der expliziten Formulierung des Auswahlaxioms durch E. ZERMELO im Jahre 1904 hat sich PEANO mehrfach dahingehend geäußert, daß er einen Beweis unter Benutzung dieses Axioms nicht als einen vollgültigen Beweis akzeptieren könne (vgl. [24]).

Der Beweis PEANOS für den Existenzsatz galt wegen der Verwendung der logischen Formelsprache und wohl auch wegen der zu dieser Zeit noch ungewöhnlichen umfassenden Nutzung abstrakter mengentheoretischer Begriffe und Schlußweisen als nahezu unverständlich. Es wurden in der Folgezeit zahlreiche Versuche unternommen, ihn in gewöhnliche Sprache zu übersetzen und zu vereinfachen (vgl. z. B. [35], [36], [63]). Vor allem erkannte im Jahre 1895 C. ARZELÀ [1], daß die Funktionenmenge $\bigcup \{\beta(0, 1, h) : 0 < h < h_0\}$ gleichgradig stetig und gleichmäßig beschränkt ist, und er zeigte ferner, daß jede derartige Funktionenmenge kompakt ist (Satz von ARZELÀ und ASCOLI). Damit konnte er den von PEANO in §7 beschriebenen Auswahlprozeß durch die Auswahl einer gleichmäßig gegen eine Lösung f konvergierenden Folge von geeigneten Näherungslösungen ersetzen. In dieser Weise wird der Peanosche Beweis heute in den meisten Lehrbüchern der Theorie der gewöhnlichen Differentialgleichungen dargestellt (vgl. z. B. [23] und [70]). Einen ausführlichen historischen Überblick über die vielfältigen Untersuchungen zur Existenz und Einzigkeit der Lösungen eines Systems gewöhnlicher Differentialgleichungen findet man u. a. in [38] und [37].

Literatur

[1] ARZELÀ, C.: Sull'integrabilità delle equazioni differenziali ordinarie. Memorie Accad. Sci. Bologna (5) 5 (1895), 257–270.
Sull'esistenza degl'integrali nelle equazioni differenziali ordinarie. Ebenda 6 (1896), 131–140.

[2] BOOLE, G.: The mathematical analysis of logic. London/Cambridge: George Bell/Macmillan, Barclay & Macmillan 1847.

[3] BOOLE, G.: An investigation of the laws of thought. London: Walton and Maberly 1854.

[4] BROUWER, L. E. J.: Beweis der Invarianz der Dimensionszahl. Math. Ann. 70 (1911), 161–165.

[5] CANTOR, G.: Ein Beitrag zur Mannigfaltigkeitslehre. Journal f. d. reine u. angew. Math. 84 (1878), 242–258. Wiederabdruck in: TEUBNER-ARCHIV zur Mathematik, Bd. 2. Leipzig: Teubner-Verlag 1984.

[6] CANTOR, G.: Über unendliche lineare Punktmannichfaltigkeiten. Math. Ann. 15 (1879), 1–7; 17 (1880), 355–358; 20 (1882), 113–121; 21 (1883), 51–58; 21 (1883), 545–591; 23 (1884), 453–488. Wiederabdruck in: TEUBNER-ARCHIV zur Mathematik, Bd. 2. Leipzig: Teubner-Verlag 1984.

[7] CANTOR, G.: Über einen Satz aus der Theorie der stetigen Mannigfaltigkeiten. Nachr. v. d. Königl. Gesellsch. d. Wissensch. u. d. Georg-August-Univ. z. Göttingen, Jahrg. 1879, 127–135.

[8] DEDEKIND, R.: Was sind und was sollen die Zahlen? Braunschweig: Friedr. Vieweg & Sohn 1888. 10. Aufl. Braunschweig/Berlin: Friedr. Vieweg & Sohn/Deutscher Verlag der Wissenschaften 1965.

[9] DIEUDONNÉ, J.: Abrégé d'histoire des mathématiques 1700–1900. Paris: Hermann 1978. Deutsche Übersetzung: Geschichte der Mathematik 1700–1900. Berlin: Deutscher Verlag der Wissenschaften 1985.

[10] FREGE, G.: Begriffsschrift, eine der arithmetischen nachgebildete Formelsprache des reinen Denkens. Halle a. d. Saale: L. Nebert 1879. Nachdruck in: G. FREGE, Begriffsschrift und andere Aufsätze. Darmstadt: Wiss. Buchgesellschaft 1964.

[11] FREGE, G.: Grundgesetze der Arithmetik, begriffsschriftlich abgeleitet. 2 Bde. Jena: H. Pohle 1893 und 1903. Nachdruck: Darmstadt: Wiss. Buchgesellschaft 1962.

[12] FREGE, G.: Über die Begriffsschrift des Herrn Peano und meine eigene. Berichte ü. d. Verhandl. d. Königl. Sächs. Gesellschaft d. Wissensch. zu Leipzig 48 (1896), 361–378. Neudruck in: G. FREGE, Kleine Schriften. Darmstadt: Wiss. Buchgesellschaft 1967.

[13] GRASSMANN, H.: Lineale Ausdehnungslehre, ein neuer Zweig der Mathematik. Leipzig: Wigand 1844. Neudruck: H. GRASSMANN, Gesammelte Werke, Bd. 1. Leipzig: Teubner-Verlag 1894/96.

[14] GRASSMANN, H.: Lehrbuch der Arithmetik für höhere Lehranstalten. Berlin: Enslin 1861. Neudruck: H. GRASSMANN, Gesammelte Werke, Bd. 2, S. 295–349. Leipzig: Teubner-Verlag 1894/96.

[15] HAHN, H.: Über die Abbildungen der Strecke auf ein Quadrat. Annali di Mat. 21 (1913), 33–55.

[16] HAHN, H.: Über die allgemeinste ebene Punktmenge, die stetiges Bild einer Strecke ist. Jahresber. d. Deutschen Math.-Verein. 23 (1914), 318–322.

[17] HAUSDORFF, F.: Grundzüge der Mengenlehre. Leipzig: Veit 1914. Nachdruck: New York: Chelsea Publ. Comp. 1949.

[18] HAUSDORFF, F.: Mengenlehre. Berlin: DeGruyter 1935. Nachdruck: New York: Dover Publ. 1944 u. 1972.

[19] HERMITE, Ch.: Cours de M. Hermite, rédigé par M. Andoyer. 2. Aufl. Paris 1883.

[20] HILBERT, D.: Über die stetige Abbildung einer Linie auf ein Flächenstück. Math. Ann. 38 (1891), 459–460.

[21] JORDAN, C.: Remarques sur les intégrales définies. Journal de Math. (4) 8 (1892), 69–99.

[22] JORDAN, C.: Cours d'analyse de l'école polytechnique. 2. Aufl. Paris: Gauthier-Villars 1893.

[23] KAMKE, E.: Differentialgleichungen reeller Funktionen. 1., 2. Aufl. Leipzig: Akademische Verlagsgesellschaft 1930, 1952.

[24] KENNEDY, H. C.: Peano, Life and Works of Giuseppe Peano. Dordrecht – Boston – London: D. Reidel 1980.

[25] KNOPP, K.: Einheitliche Erzeugung und Darstellung der Kurven von Peano, Osgood und v. Koch. Archiv Math. Phys. (3) 26 (1917), 103–115.

[26] KURATOWSKI, C.: Sur la notation de l'ordre dans la théorie des ensembles. Fund. Math. 2 (1921), 161–171.

[27] KURATOWSKI, C.: Sur l'operation $\bar{A}$ de l'analysis situs. Fund. Math. 3 (1932), 182–199.

[28] LEBESGUE, H.: Leçons sur l'intégration et la recherche des fonctions primitives. Paris: Gauthier-Villars 1904.

[29] LÜROTH, J.: Über Abbildungen von Mannigfaltigkeiten. Math. Ann. 63 (1907), 222–238.

[30] MACCOLL, H.: Symbolical reasoning. Mind 5 (1880), 45–60; 6 (1897), 493–510; 9 (1900), 75–84; 11 (1902), 352–368; 12 (1903), 355–364; 14 (1905), 74–81; 14 (1905), 390–397; 15 (1906), 504–518.

[31] MACCOLL, H.: On the growth and use of a symbolical language. Memoirs Manchester Literary and Philosophical Soc. 7 (1882), 225–248.

[32] MAZURKIEWICZ, J.: Sur les lignes de Jordan. Fund. Math. 1 (1920), 166–209.

[33] MENGER, K.: Dimensionstheorie. Leipzig und Berlin: Teubner-Verlag 1928.

[34] MENGER, K.: Kurventheorie. Leipzig und Berlin: Teubner-Verlag 1932.

[35] MIE, G.: Beweis der Integrierbarkeit gewöhnlicher Differentialgleichungssysteme nach Peano. Math. Ann. 43 (1893), 553–568.

[36] MONTEL, P.: Sur les suites infinies de fonctions. Annales de l'école normale 24 (1907), 233–334.

[37] MÜLLER, M.: Neuere Untersuchungen über den Fundamentalsatz in der Theorie der gewöhnlichen Differentialgleichungen. Jahresber. d. Deutschen Math.-Verein. 37 (1928), 33–48.

[38] PAINLEVÉ, P.: Gewöhnliche Differentialgleichungen; Existenz der Lösungen. Encyklopädie der math. Wissenschaften II, 1.1, S. 190–229. Leipzig: Teubner-Verlag 1899–1916.

[39] PEANO, G.: Angelo Genocchi, Calcolo differenziale e principii di calcolo integrale. Turin: Bocca 1884. Deutsche Übersetzung: A. GENOCCHI, Differentialrechnung und Grundzüge der Integralrechnung. Leipzig: Teubner-Verlag 1899.

[40] PEANO, G.: Sull'integrabilità delle equazioni differenziali del primo ordine. Atti Accad. Sci. Torino 21 (1886), 677–685.

[41] PEANO, G.: Applicazioni geometriche del calcolo infinitesimale. Turin: Bocca 1887.

[42] PEANO, G.: Intégration par séries des équations différentielles linéaires. Math. Ann. 32 (1888), 450–456.

[43] PEANO, G.: Calcolo geometrico secondo l'Ausdehnungslehre di H. Grassmann, preceduto dalle operazioni della logica deduttiva. Turin: Bocca 1888.

[44] PEANO, G.: Arithmetices principia, nova methodo exposita. Turin: Bocca 1889.

[45] PEANO, G.: I principii di geometria, logicamente esposti. Turin: Bocca 1889.

[46] PEANO, G.: Sulla definizione dell'area d'una superficie. Atti Accad. Naz. Lincei, Rend., Cl. sci. fis. mat. nat. (4), 6 – I (1890), 54–57.

[47] PEANO, G.: Sur une courbe qui remplit tout une aire plane. Math. Ann. 36 (1890), 157–160.

[48] PEANO, G.: Démonstration de l'intégrabilité des équations différentielles ordinaires. Math. Ann. 37 (1890), 182–228.

[49] PEANO, G.: Gli elementi di calcolo geometrico. Turin: Candeletti 1891. Deutsche Übersetzung: Die Grundzüge des geometrischen Calculus. Leipzig: Teubner-Verlag 1891.

[50] PEANO, G.: Principii di logica matematica. Rivista di matematica 1 (1891), 1–10.

[51] PEANO, G.: Sul concetto di numero. Rivista di matematica 1 (1891), 87–102 und 256–267.

[52] PEANO, G.: Sulla formula di Taylor. Atti Accad. Sci. Torino 27 (1981), 40–46. Deutsche Übersetzung: Über die Taylor'sche Formel. Anhang III der deutschen Ausgabe von [39].

[53] PEANO, G.: Lezioni di analisi infinitesimale. 2 Bde. Turin: Candeletti 1893.

[54] PEANO, G.: Sur la définition de la limite d'une fonction; exercise de logique mathématique. Amer. J. Math. 17 (1894), 27–68.

[55] PEANO, G.: Sulla definizione di integrale. Ann. mat. pura appl. (2) 23 (1895), 153–157. Deutsche Übersetzung: Über die Definition des Integrals. Anhang IV der deutschen Ausgabe von [39].

[56] PEANO, G.: Sopra lo spostamento del polo sulla terra. Atti Accad. Sci. Torino 30 (1895), 515–528.

[57] PEANO, G.: Studii di logica matematica. Atti Accad. Sci. Torino 32 (1897), 565–583. Deutsche Übersetzung: Über mathematische Logik. Anhang I der deutschen Ausgabe von [39].

[58] PEANO, G.: Formules de logique mathématique. Rivista di matematica 7 (1900), 1–41.

[59] PEANO, G.: Les définitions mathématiques. Congrès international de philosophie, Paris 1900, Bd. 3, S. 279–288.

[60] PEANO, G.: Formulaire de mathématiques. 5 Bde. Turin: Bocca 1895–1908.

[61] PEANO, G.: Opera scelte. 3 Bde. Rom: Cremonese 1957–1959.

[62] PEANO, G.: Selected Works of Giuseppe Peano. Toronto: University of Toronto Press 1973. (Eine englische Übersetzung ausgewählter Schriften Peanos).

[63] PERRON, O.: Ein neuer Existenzbeweis für die Integrale eines Systems gewöhnlicher Differentialgleichungen. Math. Ann. 78 (1917), 378–384.

[64] Pringsheim, A.: Grundlagen der allgemeinen Funktionenlehre. Encyklopädie der math. Wissenschaften II, 1.1, S. 1–53. Leipzig und Berlin: Teubner-Verlag 1899–1916.

[65] Russell, B.; Whitehead, A. N.: Principia mathematica. 3. Bde. 1., 2. Aufl. Cambridge: Cambridge University Press 1910–1913, 1925–1927.

[66] Schröder, E.: Der Operationskreis des Logikkalküls. Leipzig: Teubner-Verlag 1877.

[67] Schröder, E.: Vorlesungen über Algebra der Logik (exakte Logik). 3 Bde. Leipzig: Teubner-Verlag 1890–1905.

[68] Schwarz, H. A.: Gesammelte mathematische Abhandlungen. Berlin: Springer-Verlag 1890.

[69] Sierpiński, W.: Sur une condition pour qu'un continu soit une courbe jordanienne. Fund. Math. 1 (1920), 44–60.

[70] Stepanow, W. W.: Lehrbuch der Differentialgleichungen. Übers. a. d. Russ. Berlin: Deutscher Verlag der Wissenschaften 1963.

[71] Wiener, N.: A simplification of the logic of relations. Proc. Cambridge Phil. Soc. 17 (1914), 387–390.

[72] Voss, A.: Differential- und Integralrechnung. Encyklopädie der math. Wissenschaften II, 1.1, S. 56–134. Leipzig und Berlin: Teubner-Verlag 1899–1916.

Namen- und Sachverzeichnis

(Die Sachhinweise erfolgen weitgehend summarisch und verwenden die heute übliche Terminologie; sie verweisen auf Textstellen, in denen sich Ausführungen zum entsprechenden Sachgebiet finden. Die kursiv gedruckten Seitenzahlen verweisen auf Einleitung und Nachwort.)